高等职业教育计算机类课程新形态一体化教材

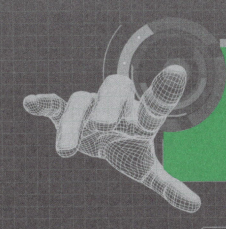

Office 2016 办公软件高级应用 案例教程（第2版）

主　编　刘万辉　季大雷

副主编　侯丽梅

高等教育出版社·北京

内容简介

　　本书以教育部制定的《高等职业教育专科信息技术课程标准（2021年版）》中基础模块的相关内容要求为依据，以提升学生就业实战能力为导向，从办公人员的实际需求出发，并兼顾最新版全国计算机等级考试（二级 MS Office 高级应用与设计）的要求，精心挑选了 14 个常用办公应用案例，以通俗易懂的语言，详细讲解了 Office 2016 中的三大组件 Word、Excel 以及 PowerPoint 的功能与应用。其中，Word 应用部分涵盖了案例 1～案例5，主要介绍如何制作招聘启事、制作线上销售图书订购单、制作社会主义核心价值观宣传海报、制作获奖证书、毕业论文的编辑与排版；Excel应用部分涵盖了案例 6～案例 10，主要介绍如何制作扶贫销售业绩表、制作差旅费报销统计表、制作大学生创业数据图表、考勤数据统计分析、制作销售奖金表；PowerPoint 应用部分涵盖了案例 11～案例 14，主要介绍如何制作创客学院演示文稿、制作创业项目路演演示文稿、制作汽车行业数据图表演示文稿、制作片头动画。

　　本书配套有微课视频、授课用 PPT、案例素材与效果文件等数字化学习资源。与本书配套的数字课程"Office 2016 高级应用案例教程"在"智慧职教"网站（www.icve.com.cn）上线，学习者可以登录网站进行在线学习及资源下载，授课教师可以调用本课程构建符合自身教学特色的 SPOC课程，详见"智慧职教"服务指南。教师也可发邮件至编辑邮箱1548103297@qq.com 获取相关资源。

　　本书内容丰富、实用性强，可作为高职院校计算机类相关专业、通信类专业、商务类专业的信息技术课程的教学用书，也适合作为参加全国计算机等级考试（二级 MS Office 高级应用与设计）的考生的参考用书。

图书在版编目（C I P）数据

Office 2016 办公软件高级应用案例教程 / 刘万辉，季大雷主编 . --2 版 . --北京：高等教育出版社，2021.11

　　ISBN 978-7-04-056774-8

　　Ⅰ . ①O… 　Ⅱ . ①刘… ②季… 　Ⅲ . ①办公自动化 – 应用软件 – 高等职业教育 – 教材 　Ⅳ . ①TP317.1

　　中国版本图书馆 CIP 数据核字（2021）第 168849 号

Office 2016 Bangong Ruanjian Gaoji Yingyong Anli Jiaocheng

策划编辑	刘子峰	责任编辑	刘子峰	封面设计	李树龙	版式设计	徐艳妮
插图绘制	黄云燕	责任校对	刘丽娴	责任印制	存 怡		

出版发行	高等教育出版社		网　　址	http://www.hep.edu.cn
社　　址	北京市西城区德外大街 4 号			http://www.hep.com.cn
邮政编码	100120		网上订购	http://www.hepmall.com.cn
印　　刷	鸿博昊天科技有限公司			http://www.hepmall.com
开　　本	787 mm×1092 mm　1/16			http://www.hepmall.cn
印　　张	14.25		版　　次	2017 年 9 月第 1 版
字　　数	330 千字			2021 年 11 月第 2 版
购书热线	010-58581118		印　　次	2021 年 11 月第 1 次印刷
咨询电话	400-810-0598		定　　价	43.60 元

本书如有缺页、倒页、脱页等质量问题，请到所购图书销售部门联系调换
版权所有　侵权必究
物 料 号　56774-00

▮ "智慧职教" 服务指南

"智慧职教"是由高等教育出版社建设和运营的职业教育数字教学资源共建共享平台和在线课程教学服务平台，包括职业教育数字化学习中心平台（www.icve.com.cn）、职教云平台（zjy2.icve.com.cn）和云课堂智慧职教 App。用户在以下任一平台注册账号，均可登录并使用各个平台。

● **职业教育数字化学习中心平台（www.icve.com.cn）：为学习者提供本教材配套课程及资源的浏览服务。**

登录中心平台，在首页搜索框中搜索"Office 2016 高级应用案例教程"，找到对应作者主持的课程，加入课程参加学习，即可浏览课程资源。

● **职教云（zjy2.icve.com.cn）：帮助任课教师对本教材配套课程进行引用、修改，再发布为个性化课程（SPOC）。**

1. 登录职教云，在首页单击"申请教材配套课程服务"按钮，在弹出的申请页面填写相关真实信息，申请开通教材配套课程的调用权限。

2. 开通权限后，单击"新增课程"按钮，根据提示设置要构建的个性化课程的基本信息。

3. 进入个性化课程编辑页面，在"课程设计"中"导入"教材配套课程，并根据教学需要进行修改，再发布为个性化课程。

● **云课堂智慧职教 App：帮助任课教师和学生基于新构建的个性化课程开展线上线下混合式、智能化教与学。**

1. 在安卓或苹果应用市场，搜索"云课堂智慧职教"App，下载安装。

2. 登录 App，任课教师指导学生加入个性化课程，并利用 App 提供的各类功能，开展课前、课中、课后的教学互动，构建智慧课堂。

"智慧职教"使用帮助及常见问题解答请访问 help.icve.com.cn。

‖ 前　言

随着科学技术的突飞猛进、信息技术与网络技术的迅速发展和广泛应用，许多单位对工作人员的办公处理能力提出了越来越高的要求。学习办公自动化软件、适应信息化发展的需要，已成为目前高职院校各专业师生的共识。

Microsoft Office 2016 是微软公司推出的新一代智能商务办公处理软件，其界面简洁明快，能够适应企业业务程序功能日益增多的需要，并提供家庭和学生版、小型企业版、专业版共 3 个版本，适应各行各业的工作需求，因此已得到广泛使用。

本书以教育部制定的《高等职业教育专科信息技术课程标准（2021 年版）》中基础模块的相关内容要求为依据，为帮助广大学生快速掌握 Office 常用组件 Word、Excel 以及 PowerPoint 在办公领域的运用技巧，提高办公操作技能，并兼顾最新版全国计算机等级考试（二级 MS Office 高级应用与设计）的要求，编者根据多年的工作经验和教学实践，从办公人员的实际需求出发，挑选了 14 个常用的办公应用案例。每个案例都采用"案例简介→案例实现→案例小结→经验技巧→拓展练习"的结构组织内容，其中，"案例简介"简要介绍案例任务的背景、制作要求、涉及的知识点和知识技能目标；"案例实现"详细介绍案例的解决方法与操作步骤；"案例小结"对案例中涉及的知识点进行归纳总结，并对案例中需要特别注意的知识点进行强调和补充；"经验技巧"对案例中涉及知识的使用技巧进行提炼；"拓展练习"结合案例中的内容给学生提供难易适中的上机操作题目，通过练习达到强化巩固所学知识的目的。

本书具有如下几个特点：

1. 针对性、适用性强，教学内容安排遵循学生职业能力培养基本规律。

本书根据常规办公人员的实际需求进行选材，本着"学生能学，教师好用，企业需要"的原则，注意理论与实践一体化，并注重实效性。

2. 内容选择注重思政的自然融入，既提升职业技能，也提升职业素养。

本书案例选择时自然融入社会主义核心价值观、创新创业、脱贫攻坚等思政点，通过系列案例构建了思政线，从而达到育训一体的育人目的，既提升职业技能，也提升职业素养。

3. 精心设计，资源丰富，围绕核心知识与案例实现过程配套系列微视频。

本书配套数字化学习资源，包含数字课程、微课视频、授课用 PPT、案例素材与效果文件等。此外，围绕每个案例，还配套制作了案例介绍、案例实现的核心步骤、案例小结，同时还制作了与核心技术有关的专题微课。

本书由刘万辉、季大雷任主编，侯丽梅任副主编，具体编写分工如下：季大雷编写了案例 1～案例 5，侯丽梅编写了案例 6～案例 10，刘万辉编写了案例 11～案例 14，全书由刘万辉统稿。

由于编者水平有限，书中难免存在错漏与不足之处，恳请广大读者批评指正。

编　者
2021 年 6 月

‖目　录

I

案例 1　制作招聘启事

1.1　案例简介

1.1.1　案例需求与展示

某商业银行为了在激烈的市场竞争中求得发展，准备招聘若干储备干部，为银行带来新的活力。银行人事科科长王芳负责此次招聘工作，首先她需要利用 Word 2016 制作一则招聘启事，效果如图 1-1 所示。

PPT：案例1 制作招聘启事

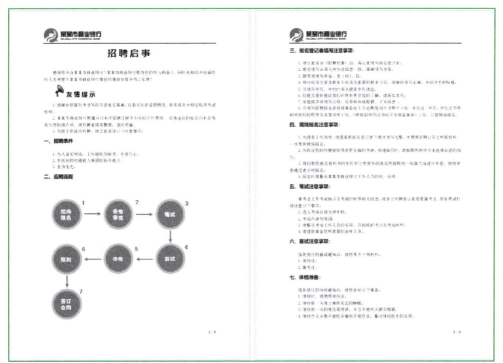

微课 1-1 案例简介

图 1-1 招聘启事 效果图

1.1.2　知识技能目标

本案例涉及的知识点主要有文本格式化、样式的修改与应用、添加编号、插入图片、绘制形状、设置页眉和页脚。

知识技能目标：

- 掌握文本的格式化。
- 掌握样式的修改与应用。
- 掌握编号的添加。
- 掌握插入图片与图片格式设置。
- 掌握绘制形状与格式设置。
- 掌握页眉和页脚的设置。

1.2　案例实现

1.2.1　页面设置

Word 提供了丰富的页面设置选项，允许用户根据需要更改页面大小、调整页边距等。在编辑文档之前，先进行页面设置，然后根据设置好的页面再进行排版，以避免重复工作。具体操作步骤如下：

① 启动 Word 2016，新建一个空白文档，以"招聘启事.docx"命名进行保存。

② 切换到"布局"选项卡，单击"页面设置"功能组右下角的对话框启动器按钮，打开"页面设置"对话框，在"页边距"选项卡中设置左、右页边距的值均为"3 厘米"，如图 1-2 所示。单击"确定"按钮，完成页面设置。

图 1-2
"页面设置"对话框

③ 在文档的首行输入文本"招聘启事",按 Enter 键,使光标定位到下一行。

④ 打开素材文件夹中的文本文件"招聘启事素材.txt",按 Ctrl+A 组合键选中所有文字素材,按 Ctrl+C 组合键将其复制到剪贴板中,之后返回"招聘启事"文档,按 Ctrl+V 组合键将文字素材粘贴到文档中。

⑤ 关闭素材文件,保存并完成文档内容的添加。

1.2.2 修改并应用样式

Word 中的样式是可重复使用的格式设置选项集,可应用于文本。应用样式可以快速将文字或段落设置成事先定义好的格式。

本案例中标题性的文本字体、字号、大纲级别等格式都是相同的,可以通过样式来实现。具体操作步骤如下:

① 切换到"开始"选项卡,右击"样式"功能组列表框中的"标题 1"样式,从弹出的快捷菜单中选择"修改"命令,如图 1-3 所示,打开"修改样式"对话框。

图 1-3
"修改"样式命令

② 在"修改样式"对话框中,设置"格式"栏中的字体为"微软雅黑",字号为"小四"、加粗。之后单击"格式"按钮,从其下拉列表中选择"段落"命令,打开"段落"对话框。设置"间距"栏中的"段前"为"0 行"、"段后"为"0.5 行"、"行距"为"单倍行距"。单击"确定"按钮,返回"修改样式"对话框,如图 1-4 所示。再次单击"确定"按钮,返回文档中,完成样式的修改。

图 1-4
"修改样式"对话框

③ 选中文档中的"招聘条件""应聘流程""报名登记表填写注意事项""现场报名注意事项""笔试注意事项""面试注意事项""体检准备"等字样，单击"开始"选项卡"样式"功能组中的"标题 1"按钮，为所选文字应用样式。

④ 使应用了样式的文本依然处于选中的状态，单击"段落"功能组中的"编号"下拉按钮，从下拉列表中选择如图 1-5 所示的编号格式。

图 1-5
"编号"
下拉列表

⑤ 使所选文本依然处于选中的状态，单击"段落"功能组中的"多级列表"下拉按钮，从下拉列表中选择"定义新的多级列表"命令，如图 1-6 所示，打开"定义新多级列表"对话框。

图 1-6
"定义新的
多级列表"
命令

⑥ 单击对话框中的"更多"按钮，之后在"编号之后"下方的下拉列表中选择"不特别标注"选项，如图 1-7 所示。单击"确定"按钮，完成编号与文本之间距离的调整。

图 1-7
"定义新多级列表"对话框

1.2.3 文本格式化

微课 1-3
文本格式
化与插入
图片

样式应用完成后，文档中的标题与其他文本也需要进行字体、段落等格式设置。具体操作步骤如下：

① 选中文档的标题"招聘启事"，切换到"开始"选项卡，单击"字体"功能组右下角的对话框启动器按钮，打开"字体"对话框。

② 在"字体"选项卡中，设置"中文字体"为"微软雅黑"、字形为"加粗"、字号为"二号"，如图 1-8 所示。切换到"高级"选项卡，在"字符间距"栏中，设置间距为"加宽"、磅值为"3磅"，如图 1-9 所示。单击"确定"按钮，完成标题文本的字体格式设置。单击"段落"功能组中的"居中"按钮，使标题文本居中。

笔记

图 1-8 "字体"选项卡

图 1-9 "高级"选项卡

③ 选择除文档标题和应用了"标题 1"以外的正文文本，在"字体"功能组中设置所选文本的字体为"宋体"、字号为"五号"。

④ 使文本处于选中的状态，单击"段落"功能组右下角的对话框启动器按钮，打开"段落"对话框，在"缩进"栏中设置"特殊"为"首行"、"缩进值"为"2 字符"，在"间距"栏中设置"行距"为"最小值"、"设置值"为"12 磅"，如图 1-10 所示。单击"确定"按钮，返回文档，完成正文文本的格式设置。

图 1-10
"段落"对话框

⑤ 选择"友情提示"下方的"请确保您简历中填写的内容真实准确……请认真阅读以下注意事项"3 段文本，单击"段落"功能组中的"编号"下拉按钮，为其添加如图 1-11 所示的编号样式，之后打开"定义新多级列表"对话框，在"位置"栏中设置"文本缩进位置"为"0 厘米"、"编号之后"为"不特别标注"。单击"确定"按钮返回文档，完成所选文本的编号设置。

图 1-11
设置"编号"

⑥ 使用同样的方法，为"招聘条件""报名登记表填写注意事项""现场报名注意事项""笔试注意事项""面试注意事项""体检准备"等内容后的条目性文字添加编号，如图 1-12 所示。

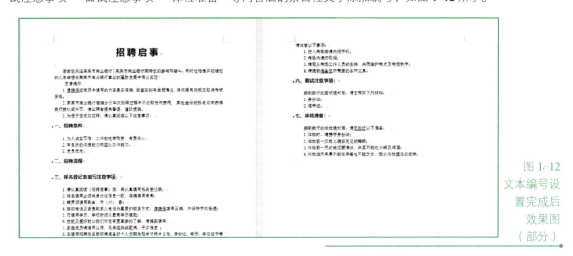

图 1-12
文本编号设置完成后效果图
（部分）

1.2.4 插入图片

正文格式设置完成后，为引起读者注意，需要在文本"友情提示"前加一幅图片，加以强调。具体操作步骤如下：

① 选择文本"友情提示"，打开"字体"对话框，在"字体"选项卡中设置字体为"微软雅黑"、字号为"小三"、字形为"加粗"，在"高级"选项卡中，设置字符间距为"加宽"、磅值为"2 磅"。

② 将光标定位于"友情提示"之前，切换到"插入"选项卡，单击"插图"功能组中的"图片"按钮，打开"插入图片"对话框，找到素材文件夹中的"提示图标.jpg"图片，如图 1-13 所示。单击"确定"按钮，将图片插入文档。

笔 记

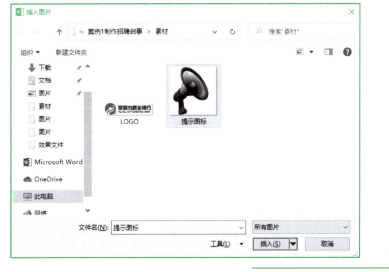

图 1-13
"插入图片"对话框

③ 使图片处于选中状态，切换到"图片工具|格式"选项卡，在"大小"功能组中的"高度"

和"宽度"微调框中设置其值均为"1 厘米",如图 1-14 所示。

图 1-14
"大小"功能组

1.2.5 绘制应聘流程图

微课 1-4
绘制应聘
流程图

应聘流程图以图形的方式展示了应聘过程中的重要环节,使读者一目了然。利用 Word 中的形状可以轻松完成流程图的绘制。具体操作步骤如下:

① 将插入点置于"应聘流程"之后并按 Enter 键,在文本之后产生一个空行。

② 切换到"插入"选项卡,单击"插图"功能组中的"形状"下拉按钮,从下拉列表中选择"新建绘图画布"命令,在"应聘流程"下方插入一块绘图区域。

③ 切换到"绘图工具|格式"选项卡,在"插入形状"功能组的列表框中选择"椭圆"选项,如图 1-15 所示。

图 1-15
选择"椭圆"形状

✎ 笔 记

④ 将鼠标移到画布上,当鼠标指针变成十字指针时,同时按下 Shift 和鼠标左键向下绘制一个大小适中的圆形。

⑤ 选中刚刚绘制的圆形,切换到"绘图工具|格式"选项卡,在"形状样式"功能组中单击"形状填充"下拉按钮,从下拉列表中选择标准色中的"红色"选项,如图 1-16 所示。单击"形状轮廓"下拉按钮,从下拉列表中选择"主题颜色"列表中的"白色,背景 1,深色 25%"选项,如图 1-17 所示。再次单击"形状轮廓"下拉按钮,从"粗细"级联菜单中选择"6 磅"选项。

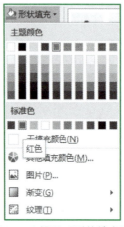

图 1-16 设置"形状填充"

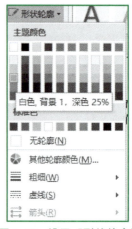

图 1-17 设置"形状轮廓"

⑥ 右击圆形,从弹出的快捷菜单中选择"添加文字"命令,之后在形状中输入文本"现场报名"。选中输入的文本,切换到"开始"选项卡,在"字体"功能组中设置字体为"黑体"、字号

为 "小四"、加粗、黄色。

⑦ 复制制作完成的圆形，修改形状中的文本内容并调整其位置，如图 1-18 所示。

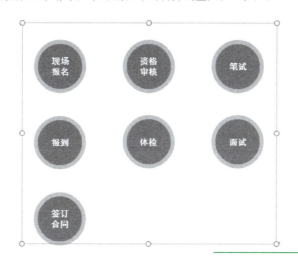

图 1-18
添加各应聘节点
形状后的效果

⑧ 切换到 "绘图工具|格式" 选项卡，在 "插入形状" 功能组的列表框中选择 "箭头" 选项，将鼠标移到画布中，在 "现场报名" 和 "资格审核" 形状之间绘制一个向右的箭头（注意在绘制的同时按下 Shift 键，以绘制一个水平箭头）。

⑨ 选中绘制的箭头，切换到 "绘图工具|格式" 选项卡，在 "形状轮廓" 下拉列表中设置其颜色为 "标准色" 中的 "红色"、"粗细" 为 "3 磅"。

⑩ 使用同样的方法在其他应聘节点间添加箭头（也可用复制方法实现），效果如图 1-19 所示。

笔 记

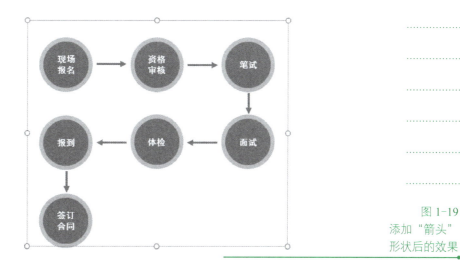

图 1-19
添加 "箭头"
形状后的效果

⑪ 切换到 "绘图工具|格式" 选项卡，在 "插入形状" 功能组的列表框中选择 "文本框" 选项，将鼠标移动到画布中，在 "现场报名" 形状的右上方绘制一个文本框并在其中输入文本 "1"。

⑫ 选中绘制的文本框，切换到 "开始" 选项卡，在 "字体" 功能组中设置字体为 "黑体"、字号为 "小三"、加粗、红色；切换到 "绘图工具|格式" 选项卡，设置 "形状样式" 功能组中的 "形状填充" 为 "无填充" 和 "形状轮廓" 为 "无轮廓"。

⑬ 使用同样的方法在其他应聘节点的右上方添加文本框并修改其中的文本，如图 1-20 所示。

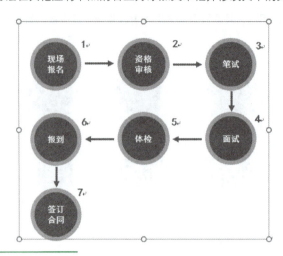

图 1-20
添加文本框后的效果

1.2.6　添加页眉和页脚

在文档中添加页眉和页脚后可以让文档看起来更加美观。本案例中需要在页眉中添加 LOGO 图片，在页脚中添加页码。具体操作步骤如下：

微课 1-5
添加页眉
和页脚

① 切换到"插入"选项卡，单击"页眉和页脚"功能组中的"页眉"下拉按钮，从下拉列表中选择"编辑页眉"命令，如图 1-21 所示，文档进入页眉的编辑状态。

图 1-21
选择"编辑页眉"命令

② 切换到"页眉和页脚工具|设计"选项卡，单击"插入"功能组中的"图片"按钮，如图 1-22 所示。打开"插入图片"对话框，找到素材文件夹中的 LOGO 图片，将其插入页眉。

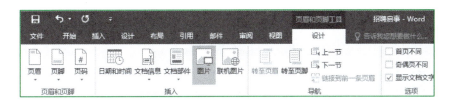

图 1-22
"图片"按钮

③ 适当调整图片的大小，之后切换到"开始"选项卡，单击"段落"功能组中的"左对齐"按钮，调整页眉图片的对齐方式，如图 1-23 所示。

图 1-23
调整页眉图片对
齐方式后的效果

④ 切换到"页眉和页脚工具|设计"选项卡，单击"导航"功能组中的"转至页脚"按钮，进入页脚的编辑状态。

⑤ 单击"页眉和页脚"功能组中的"页码"按钮，从下拉列表中选择"页面底端"级联菜单中的"加粗显示的数字 3"选项，如图 1-24 所示，为文档设置页码。

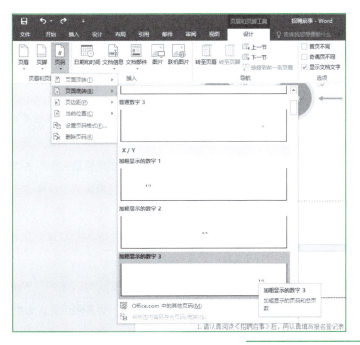

图 1-24
设置"页码"

笔 记

⑥ 单击"关闭页眉和页脚"按钮，返回文档，完成页眉和页脚的设置。

⑦ 单击"保存"按钮，保存文档，完成案例的制作。

1.3　案例小结

诚实可信是为人之本，更是从业之道。做人是否讲诚信，是一个人道德品质的重要体现。在各单位的招聘中，首先考虑的就是应聘人员的品德修养。

本案例通过制作招聘启事，讲解了 Word 中的文本格式化、样式修改与应用、形状与文本框绘制、添加编号、添加图片、设置页眉和页脚等内容。在实际操作中，还需要注意以下问题：

① Word 中的样式、模板、主题均可以使文档保持统一的格式。使用模板可以帮助用户快速生成目标格式的文档，使用主题可以快速更换文章的总体风格，使用样式可以快速对文本进行格式化。在文档的编辑过程中，如果对样式进行了修改，应用了样式的文本格式会自动更新。

② 当文档内容较多时，很多时候需要对同类文本进行格式化，逐一去选择容易遗漏，此时可利用"选择格式相似的文本"功能实现。操作如下：

将鼠标定位到某一格式的文本中，切换到"开始"选项卡，单击"编辑"功能组中的"选择"按钮，从下拉列表中选择"选择格式相似的文本"命令即可，如图 1-25 所示。

图 1-25
选择"选择格式
相似的文本"命令

1.4　经验技巧

1.4.1　关闭拼写错误标记

在编辑 Word 文档时，经常会遇到许多绿色的波浪线。为什么会产生这些波浪线，又该怎么取消呢？Word 2016 提供了拼写和语法检查功能，通过它用户可以对输入的文字进行实时检查。系统是采用标准语法检查的，因而在编辑文档时，对一些常用语或网络语言会产生红色或绿色的波浪线，有时候这会影响用户的正常工作。这时可以将其隐藏，待编辑完成后再进行检查。具体操作步骤如下：

① 右击状态栏上的"拼写和语法状态"图标 ，从弹出的快捷菜单中取消"拼写和语法检查"项的选中后，错误标记便会立即消失。

② 如果要进行更详细的设定，可以选择"文件"→"选项"命令，打开"Word 选项"对话框，从左侧列表中选择"校对"选项卡后，对"拼写和语法"进行详细的设置，如拼写和语法检查的方式、自定义词典等项，如图 1-26 所示。

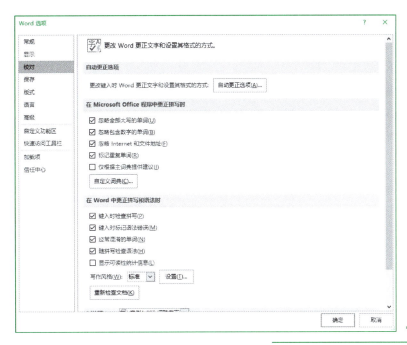

图 1-26
"Word 选项"对话框

• 1.4.2　巧用替换功能

笔 记

Word 中的查找和替换功能不仅可以帮助用户快速定位到想要查找的内容，还可以让用户批量修改文章中相同的内容，提高文档编辑效率。

（1）巧用替换功能批量删除 Word 中的多余回车符号

有时候从网页上复制一些文章到 Word 文档时，往往会带有好多向下箭头的符号，这就是软回车符号（Word 中的软回车符号是同时按住 Shift+Enter 产生的），这些软回车符号占用了很多版面，如果手动一个一个地删除，不仅麻烦而且容易遗漏，此时可以采取批量删除的方法。具体操作如下：

按 Ctrl+H 组合键打开"查找和替换"对话框，切换到"替换"选项卡，在"查找内容"后的文本框中输入"^l"，在"替换为"后的文本框中不输入任何字符，如图 1-27 所示。然后单击"全部替换"按钮，就可以删除整个文档中的软回车符号了。

图 1-27
"查找和替换"对话框

如果需要把所有的软回车符号替换成硬回车符号，可以在"查找和替换"对话框的"替换为"文本框中输入"^p"，然后单击"全部替换"按钮即可。

笔 记

当复制到 Word 中的文档存在多余空行时，可以在"查找和替换"对话框的"查找内容"文本框中输入"^p^p"，在"替换为"文本框中输入"^p"，然后单击"全部替换"按钮即可。

（2）批量修改文本字体

在文档编辑过程中，来来回回的修改不可避免。但是有时候会遇到这样的情况，即文档编辑完成之后觉得字体不合适，部分字体需要修改，如将文档中的"宋体"统一修改为"黑体"，逐一修改不仅麻烦且效率极低，此时利用"替换"功能可轻松实现。具体操作如下：

按 Ctrl+H 组合键打开"查找和替换"对话框，切换到"替换"选项卡，将插入点在"查找内容"后的文本框中，单击"更多"按钮，展开对话框。单击"格式"按钮，选择下拉列表中的"字体"命令，打开"字体"对话框。在"字体"栏中设置字体为"宋体"，单击"确定"按钮返回"查找和替换"对话框，之后将插入点定位到"替换为"后的文本框中，使用同样的方法，设置"字体"对话框中的"字体"为"黑体"，然后返回"查找和替换"对话框，如图 1-28 所示。单击"全部替换"按钮，就可以完成文档中字体格式的替换。

图 1-28
字体格式替换

1.5 拓展练习

为体现公司对员工的关怀，小鸟科技公司准备为 10 月份过生日的员工举行生日庆祝会。现需要制作一则公告，效果如图 1-29 所示。具体要求如下：

① 将公司 LOGO 作为公告的页眉。

② 设置公告文档标题字体为"微软雅黑"、字号为"二号"、加粗，字符间距为 3 磅；设置公告正文字体为"仿宋"、字号为"四号"。

③ 根据效果图调整公告的首行缩进与对齐方式。

④ 在公告文档中添加图片并去除图片背景，调整图片大小并将图片移到文档中的合适位置。

⑤ 为公告文档中的条目性文本添加项目符号。

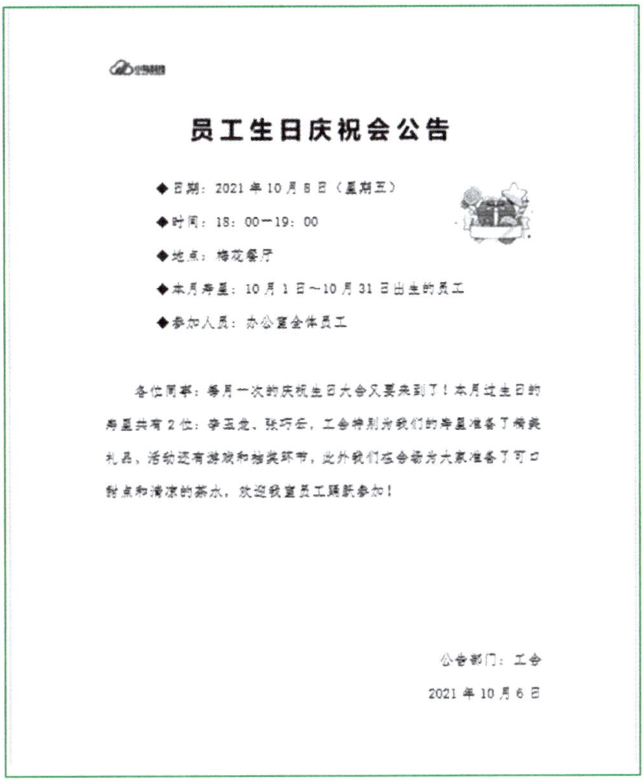

员 工 生 日 庆 祝 会 公 告

◆ 日期：2021 年 10 月 8 日（星期五）

◆ 时间：18：00－19：00

◆ 地点：梅花餐厅

◆ 本月寿星：10 月 1 日～10 月 31 日出生的员工

◆ 参加人员：办公室全体员工

　　各位同事：每月一次的庆祝生日大会又要来到了！本月过生日的寿星共有 2 位：李玉龙、张巧云，工会特别为我们的寿星准备了精美礼品，活动还有游戏和抽奖环节，此外我们还会给大家准备了可口甜点和清凉的茶水，欢迎我室员工踊跃参加！

公告部门：工会

2021 年 10 月 6 日

图 1-29
"员工生日庆祝会公告"完成后的效果图

案例 2 制作线上销售图书订购单

2.1 案例简介

2.1.1 案例需求与展示

和平书店是一家以线下销售图书为主的书店，为拓宽销售渠道，准备进行线上销售业务，近期接到一笔订购爱国主义图书的业务，现要制作一份图书订购单。书店实习生小王按照经理提出的要求，借助 Word 提供的表格制作功能，顺利地完成了此次任务，效果如图 2-1 所示。

PPT：案例2 制作线上销售图书订购单

PPT

∝ 线上图书订购单 ∞

订购日期　年　月　日　　　　　　　　No.

订 购 人 资 料			
□会员订购	会员编号	姓名	联系电话
□首次订购			
姓名		联系电话	
身份证号		电子邮箱	
联系地址		邮编:	

收 货 人 资 料		
姓名		联系电话
收货地址		
备注		

订 购 图 书 资 料			
书号（ISBN）	书名	单价（元）	数量（本）	金额（元）
9787010175850	论爱国主义	79	40	¥3,160.00
9787501263158	民族魂·中国心	51.3	50	¥2,565.00
9787520506694	本嘛	31.6	70	¥2,212.00
9787556043804	我爱我的祖国	16	50	¥800.00
合计：¥8,737.00 元			

付 款 与 配 送			
付款方式	□邮政汇款	□银行汇款	□微信支付	□支付宝
配送方式	□普通任选	□送货上门		

注 意 事 项
请务必详细填写，以便尽快为您服务。
在收到您的订单后，我们的客服人员将会与您联系，以确认您的订单。
订单确认后，图书将保留3个工作日，如3个工作日后未收到您的付款，我们将取消订单。
如有疑问，请拨打我们的免费咨询电话：010-＊＊＊＊＊＊＊＊。

微课 2-1
案例简介

图 2-1
"线上图书订购单"效果图

2.1.2 知识技能目标

本案例涉及的知识点主要有表格创建、单元格的合并与拆分、表格边框和底纹的设置、符号的插入、表格中公式的使用。

知识技能目标：

- 掌握表格的创建。
- 掌握表格中单元格的合并与拆分。
- 掌握表格内容的输入与编辑。
- 掌握表格边框与底纹的制作。
- 掌握特殊符号的插入。
- 掌握表格中公式的使用。

2.2　案例实现

微课 2-2
创建表格

2.2.1　创建表格

在创建表格之前，要先规划好表格的大概结构，以及行数和列数。最好先在纸上绘制出表格的草图，再在文档中进行表格绘制。

插入表格之前，先对文档进行页面设置。具体操作步骤如下：

① 启动 Word，创建一个空白的 Word 文档，以"线上销售图书订购单.docx"命名并保存。

② 切换到"布局"选项卡，单击"页面设置"功能组右下角的对话框启动器按钮，打开"页面设置"对话框。将"页边距"选项卡中的左、右页边距均设置为"2 厘米"，如图 2-2 所示。单击"确定"按钮，完成页面设置。

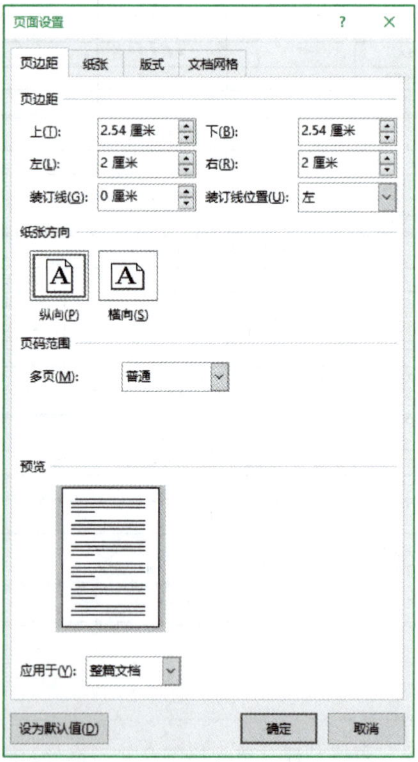

笔 记

图 2-2
页边距设置

③ 将光标定位到文档的首行，输入标题"图书订购单"，按 Enter 键，将插入点移到下一行，输入文本"订购日期：　　年　　月　　日"，之后再按 Enter 键，将插入点定位到下一行。

④ 切换到"插入"选项卡，单击"表格"功能组中的"表格"按钮，在下拉列表中选择"插入表格"命令，如图 2-3 所示。打开"插入表格"对话框，在"表格尺寸"栏中，将"列数"和"行数"分别设置为"4"和"22"，如图 2-4 所示。设置完成后，单击"确定"按钮，完成表格的插入。

图 2-3　选择"插入表格"命令　　　　图 2-4　"插入表格"对话框

⑤ 选中标题行文本"线上图书订购单"，切换到"开始"选项卡，在"字体"功能组中，将选中文本的字体设置为"黑体"、加粗，字号设置为"二号"，在"段落"功能组中，单击"居中"按钮，将文字的对齐方式设置为"居中对齐"，如图 2-5 所示。

图 2-5
标题格式设置

2.2.2　合并与拆分单元格

由于所插入的表格过于简单，与效果图所示的表格相差较大，因此需要对表格中的单元格进行合并或拆分操作，之前需要先调整表格的行高和列宽。具体操作步骤如下：

① 将鼠标移到表格第 1 行左侧选中区，当鼠标指针变成指向右上的箭头时，单击鼠标选中表格的第 1 行，切换到"表格工具|布局"选项卡，设置"单元格大小"功能组中"高度"微调框的值为"1.1 厘米"，如图 2-6 所示。

微课 2-3
合并与拆分单元格

图 2-6
设置"高度"

② 使用同样的方法，设置表格第 2 行～第 6 行的高度为"0.8 厘米"、第 7 行的高度为"1.1 厘米"、第 8 行和第 9 行的高度为"0.8 厘米"、第 10 行和第 11 行的高度为"1.1 厘米"、第 12 行～第 17 行的高度为"0.8 厘米"、第 18 行的高度为"1.1 厘米"、第 19 行和第 20 行的高度为"0.8 厘米"、第 21 行的高度为"1.1 厘米"、第 22 行的高度为"3 厘米"。

③ 将鼠标移到第 1 列的上方，当鼠标指针变成黑色实心向下箭头时，单击鼠标左键选中第 1 列，设置"单元格大小"功能组中"宽度"微调框的值为"3.6 厘米"，如图 2-7 所示。

图 2-7
设置"宽度"

④ 使用同样的方法，选中表格的第 2 列～第 4 列，设置其宽度为"4.4 厘米"。

⑤ 选中表格第 1 行，切换到"表格工具|布局"选项卡，单击"合并"功能组中的"合并单元格"按钮，如图 2-8 所示，实现第一行单元格的合并操作。

图 2-8
"合并单元格"按钮

⑥ 用同样的方法合并表格中的第 7 行、第 11 行、第 17 行、第 18 行、第 21 行、第 22 行、第 6 行的第 2 列和第 3 列、第 9 行的第 2 列～第 4 列、第 10 行的第 2 列～第 4 列、第 19 行的第 2 列～第 4 列、第 20 行的第 2 列～第 4 列、第 1 列的第 2 列和第 3 行单元格。

⑦ 选中第 12 行～第 17 行的第 2 列～第 4 列单元格，单击"拆分单元格"按钮，打开"拆分单元格"对话框，设置"列数"为"4"，保持"行数"的值不变，如图 2-9 所示。单击"确定"按钮，完成单元格的拆分操作。

图 2-9
"拆分单元格"对话框

⑧ 将插入点定位到第 2 行第 1 列单元格中，切换到"表格工具|设计"，单击"边框"功能组中的"边框"下拉按钮，从下拉列表中选择"斜下框线"命令，如图 2-10 所示，为所选单元格添加斜线。至此，表格雏形创建完成，如图 2-11 所示。

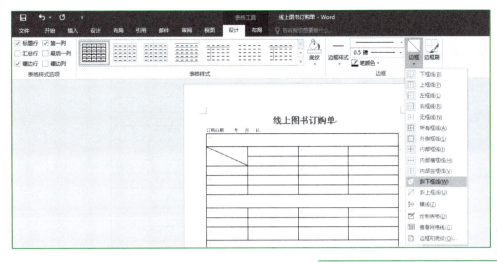

图 2-10
选择"斜下框线"命令

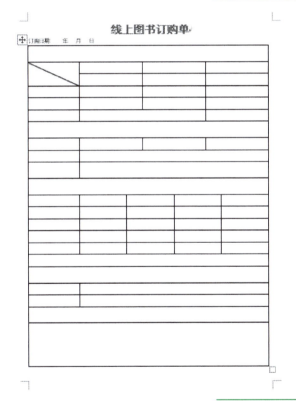

图 2-11
表格雏形效果图

2.2.3 输入与编辑表格内容

表格雏形创建完成后，即可在其中输入内容。从效果图可以看出表格的内容包括文本与特殊符号。具体操作步骤如下：

① 单击表格左上角的表格移动控制点符号，选中整个表格，切换到"开始"选项卡，在"字体"功能组中设置表格字体为"仿宋"、字号为"小四"。

② 将插入点定位到第 1 行中，在光标闪动处输入文字"订购人资料"，之后将光标移到下一行单元格中依次输入表格的其他文本内容，如图 2-12 所示。

微课 2-4
插入与
编辑表格
内容

线上图书订购单

订购日期: 年 月 日.

订购人资料.						
会员订购/首次订购		会员编号.		姓名.		联系电话.
姓名.				联系电话.		
身份证号.				电子邮箱.		
联系地址.					邮编:	
收货人资料.						
姓名.				联系电话.		
收货地址.						
备注.						
订购图书资料.						
书号 (ISBN).	书名.		单价 (元).	数量 (本).		金额 (元).
.	.		.	.		.
.	.		.	.		.
.	.		.	.		.
.	.		.	.		.
合计: .						
付款与配送.						
付款方式.	邮政汇款 银行汇款 微信支付 支付宝.					
配送方式.	普通包裹 送货上门.					
注意事项.						

请务必详细填写, 以便尽快为您服务。.
在收到您的订单后, 我们的客服人员将会与您联系, 以确认此订单。.
订单确认后, 图书将保留3个工作日, 如3个工作日后未收到您的付款, 我们将取消订单。.
如有疑问, 请拨打我们的免费咨询电话: 010-*********。.

图 2-12
输入表格内容后的效果

③ 将插入点定位于文本"线上图书订购单"之前, 切换到"插入"选项卡, 在"符号"功能组中单击"符号"按钮, 在弹出的下拉列表中选择"其他符号"命令, 打开"符号"对话框。在"符号"选项卡中, 从"字体"下拉列表中选择"Wingdings"选项, 在下拉列表中选择如图 2-13所示的符号, 单击"插入"按钮, 将此符号插到表格标题之前。

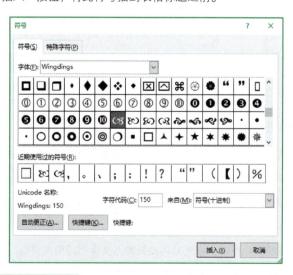

图 2-13
选择 Wingdings 字体

④ 使用同样的方法，将插入点置于表格标题之后，打开"符号"对话框，插入与上一符号对称的符号，如图2-14所示。

图 2-14
标题插入符号后
的效果

⑤ 将插入点定位于第2行文本之后，打开"符号"对话框，切换到"符号"选项卡，在"字体"下拉列表中选择"普通文本"，在"子集"下拉列表中选择"类似字母的符号"，选择如图2-15所示的符号。

图 2-15
选择"普通文本"字体

⑥ 使用同样的方法，在表格中的"会员订购""首次订购""邮政汇款""银行汇款""货到付款""普通包裹"以及"送货上门"等文本前的合适位置插入空心方框符号"□"。

2.2.4 表格美化

表格内容编辑完成后，需要对表格进行美化，包括对齐方式设置、边框和底纹设置等操作。具体操作步骤如下：

① 单击表格左上角的表格移动控制点符号选中整个表格。切换到"表格工具|布局"选项卡，单击"对齐方式"功能组中的"水平居中"按钮，如图2-16所示。

② 调整"会员订购"单元格对齐方式为"左对齐"，并按效果图调整"会员订购"和"首次

微课 2-5
表格美化

图 2-16
"对齐方
式"功能组

笔 记

订购”的位置。调整“邮编”“合计”以及最后 1 行单元格的对齐方式为“中部两端对齐”。

③ 选择表格第 1 行“订购人资料”文本内容，打开“字体”对话框，设置文本字体为“微软雅黑”、字号为“小四”、字形为“加粗”、字符间距为“加宽”、磅值为“7 磅”。

④ 利用格式刷将“收货人资料”“订购图书资料”“付款与配送”以及“注意事项”等文本设置为同样格式。

⑤ 单击表格左上角的表格移动控制点符号，选中整个表格。切换到“表格工具|设计”选项卡，单击“边框”功能组中的“边框”下拉按钮，在下拉列表中选择“边框和底纹”命令，打开“边框和底纹”对话框。切换到“边框”选项卡，在“设置”栏中选择“自定义”选项，在“样式”列表框中选择“双线”选项，在“预览”栏中单击上边框、下边框、左边框、右边框 4 个按钮，如图 2-17 所示。单击“确定”按钮，完成整个表格的外侧边框线设置。

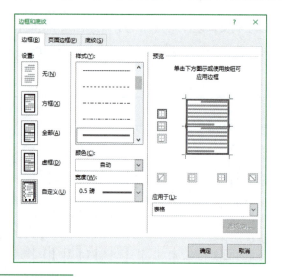

图 2-17
“边框和底纹”对话框

⑥ 选择“订购人资料”栏目的全部单元格，打开“边框和底纹”对话框，在“样式”列表框中选择“双线”选项，单击两次“预览”中的“下框线”按钮，将此栏目的下边框设置成双线，以便与其他栏目分隔开，效果如图 2-18 所示。

线上图书订购单

订购日期：　年　月　日　No

订 购 人 资 料			
□会员订购 / □首次订购	会员编号	姓名	联系电话
姓名		联系电话	
身份证号		电子邮箱	
联系地址		邮编：	
收 货 人 资 料			
姓名		联系电话	
收货地址			

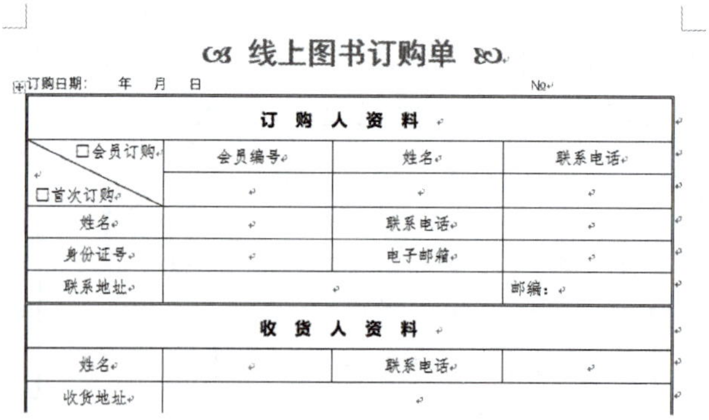

图 2-18
“下框线”添加完成后的效果

⑦ 使用同样的方法，为“收货人资料”“订购图书资料”以及“付款与配送”栏目设置“双实线”线型的下边框效果。

⑧ 选择"订购人资料"单元格，切换到"表格工具|设计"选项卡，单击"表格样式"功能组中的"底纹"按钮，从下拉列表中选择"白色，背景 1，深色 5％"选项，为此单元格添加底纹，如图 2-19 所示。

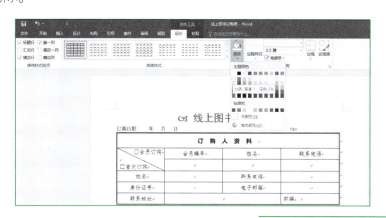

图 2-19
"底纹"设置完成
后的效果（部分）

⑨ 用同样的方法，为其他"收货人资料""订购图书资料""付款与配送"以及"注意事项"等文本添加底纹。至此，一份空白图书订购单表格绘制与美化工作结束，效果如图 2-20 所示。

笔 记

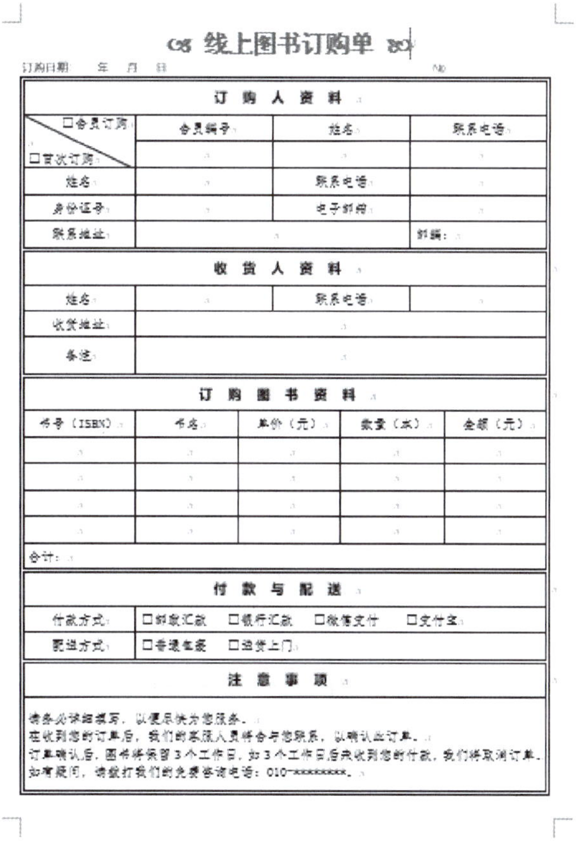

图 2-20
表格美化后效果图

2.2.5 表格数据计算

当表格中录入了图书的单价及数量后，可以利用 Word 提供的简易公式进行计算，得到单个图书的金额及合计金额。具体操作步骤如下：

① 在表格的"订购图书资料"栏中输入图书的书号、书名、单价及数量，如图 2-21 所示。

订 购 图 书 资 料				
书号（ISBN）	书名	单价（元）	数量（本）	金额（元）
9787010175850	论爱国主义	79	40	
9787501263158	民族魂·中国心	51.3	50	
9787520506694	丰碑	31.6	70	
9787556043804	我爱我的祖国	16	50	
合计：				

图 2-21
购书信息输入完
成后的效果

② 将光标定位于书名为"论爱国主义"行的最后一个单元格，即"金额（元）"下方的单元格，切换到"表格工具|布局"选项卡，单击"数据"功能组中的"公式"按钮，如图 2-22 所示，打开"公式"对话框。

③ 删除"公式"中的"SUM（LEFT）"，单击"粘贴函数"下方的下拉按钮，从下拉列表中选择"PRODUCT"选项（此函数的功能是将左边的数据进行乘积操作）。设置 PRODUCT 函数的参数为"LEFT"，之后在"编号格式"下拉列表中选择"¥#,##0.00;(¥#,##0.00)"选项，如图 2-23 所示。设置完成后，单击"确定"按钮，完成"论爱国主义"图书金额的计算。

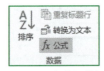

图 2-22 "公式"按钮

图 2-23 "公式"对话框

④ 用同样的方法，为其他订购图书计算订购金额。

⑤ 将插入点置于"合计:"后，打开"公式"对话框，使用其中默认公式 "=SUM(ABOVE)"，在"编号格式"下拉列表中选择"¥#,##0.00;(¥#,##0.00)"选项，单击"确定"按钮，计算出该订购单的总金额，并在金额后输入"元"，如图 2-24 所示。

订 购 图 书 资 料				
书号（ISBN）	书名	单价（元）	数量（本）	金额（元）
9787010175850	论爱国主义	79	40	¥3,160.00
9787501263158	民族魂·中国心	51.3	50	¥2,565.00
9787520506694	丰碑	31.6	70	¥2,212.00
9787556043804	我爱我的祖国	16	50	¥ 800.00
合计：¥8,737.00 元				

图 2-24
图书金额计算
完成后的效果

⑥ 单击"保存"按钮保存文档，完成案例制作。

2.3 案例小结

爱国主义是中华民族的民族心、民族魂，是中华民族最重要的精神财富，是中国人民和中华民族维护民族独立和民族尊严的强大精神动力。

本案例通过制作线上销售图书订购单，讲解了表格的创建、单元格的合并与拆分、表格美化、利用公式和函数进行计算等。实际操作中需要注意以下问题：

① 对表格的操作要遵循"先选中，后操作"的原则。

② Word 中表格单元格的命名规则：在一个很规则的 Word 表格中，单元格的命名与 Excel 中对单元格的命名相同，以"列编号+行编号"的形式对单元格进行命名，如图 2-25 所示的学生成绩表中，"张三"所在的单元格编号名称为 B2。

	A	B	C	D
1	学号	姓名	成绩	排名
2	2001	张三	98	1
3	2002	李四	78	2

图 2-25
学生成绩表

对于不规则的表格，若表格中有合并单元格，则该合并后的单元格命名是以合并前所有单元格中左上角单元格命名作为合并后单元格的命名，其他单元格的命名不受单元格合并的影响。

笔 记

③ 表格创建完成后，当单元格中的内容较多时，已定义好的列宽会发生变化，此时需要用鼠标手工调整表格边线。当利用鼠标无法精确调整表格边线时，可按下 Alt 键不放，然后试着用鼠标调整表格的边线，表格的标尺就会发生变化，可以精确到 0.01 厘米，精确度明显提高。

通常情况下，拖曳表格线可调整相邻的两列之间的列宽。按住 Ctrl 键的同时拖曳表格线，表格列宽将改变，增加或减少的列宽由其右方的列共同分享或分担；按住 Shift 键的同时拖曳，只改变该表格线左方的列宽，其右方的列宽不变。

④ 在 Word 2016 文档中，也可以将文字转换成表格，其中的关键操作是使用分隔符号将文本合理分隔。Word 2016 能够识别常见的分隔符，如段落标记、制表符、逗号。操作方法如下：

打开素材文件夹中的文档"文本转换成表格.docx"，选中文档中的文本内容，切换到"插入"选项卡，单击"表格"功能组中的"表格"按钮，并在下拉列表中选择"文本转换成表格"命令，如图 2-26 所示。打开"将文字转换成表格"对话框，使用默认的行数和列数，如图 2-27 所示。单击"确定"按钮，即可实现文字转换成表格。

图 2-26 "文本转换成表格"命令　　图 2-27 "将文字转换成表格"对话框

笔记

2.4　经验技巧

2.4.1　表格标题跨页设置

在日常工作中，如果表格的内容比较多，一页显示不完，多余的部分就会跨页。字段比较多时，若跨页的部分没有表头，就容易忘记该字段的内容是什么。要解决这个问题，可以通过设置重复标题行实现，这样每页都显示表头，即提高可阅读性又方便编辑。具体操作如下：

单击表格任意单元格，切换到"表格工具|布局"选项卡，在"表"功能组中单击"属性"按钮，打开"表格属性"对话框。切换到"行"选项卡，在"选项"栏中选中"在各页顶端以标题行形式重复出现"复选框，如图 2-28 所示。单击"确定"按钮，即可实现表格标题跨页重复显示。

2.4.2　表格自动排"序号"

在 Word 表格中，经常需要填写一些有规律的数字，如"序号"，当数据行较多时，逐个输入序号十分麻烦，可以通过为表格单元格添加编号实现。具体操作如下：

选择 Word 表格中要填写序号的单元格区域，切换到"开始"选项卡，单击"段落"功能组中的"编号"下拉按钮，从下拉列表中选择一种编号即可。

如系统给出的编号格式不是想要的格式，可选择"定义新编号格式"命令，打开"定义新编号格式"对话框，如图 2-29 所示。在"编号样式"下拉列表中选择所需的编号样式，在"编号格式"文本框中输入想要的格式形式（注意：文本框中的数字"1"不能删除，其后的点"."或半括号"）"可以删除），在"对齐方式"下拉列表中设置编号的对齐方式，此外还可以通过"字体"对话框对编号的字体、字号等进行设置。设置完成后，单击"确定"按钮，即可在所选区域中自动填写定义好的"序号"。

图 2-28　"表格属性"对话框

图 2-29　"定义新编号格式"对话框

2.5 拓展练习

请根据如图 2-30 所示的效果图，制作求职简历。具体要求如下：

① 表格标题字体为"楷体"、字号为"初号"、居中、段后间距为"0.5 行"。

② 表格内文本字体为"楷体"、字号为"五号"、居中，各部分标题加粗显示。

③ 为表格设置"双线"外边框，为表格中各部分标题添加"黄色"底纹。

④ 根据自身情况，对表格中的各部分内容进行填写，以完善求职简历。

求职简历

基本信息					
姓名		电子邮箱		出生年月	
性别		QQ		联系电话	照片
现居地址				户口所在地	

求职意向			
工作性质		目标职位	
工作地点		期望薪资	

教育背景		
起止时间	学校名称	专业

培训及工作经历		
起止时间	单位名称	职位

家庭关系				
姓名	关系	工作单位	职位	联系电话

自我简介

图 2-30
求职简历效果图

案例 3 制作社会主义核心价值观宣传海报

3.1 案例简介

3.1.1 案例需求与展示

李华是某高校计算机学院的一名大三学生，她在暑假期间到社区做志愿者，正好赶上社区进行社会主义核心价值观的宣传活动。社区主任希望李华能利用自己的专业优势制作一幅社会主义核心价值观的宣传海报，要求简洁明了。利用 Word 2016 的图文混排等功能，李华很快完成了此项工作，效果如图 3-1 所示。

PPT:案例3 制作社会主义核心价值观宣传海报

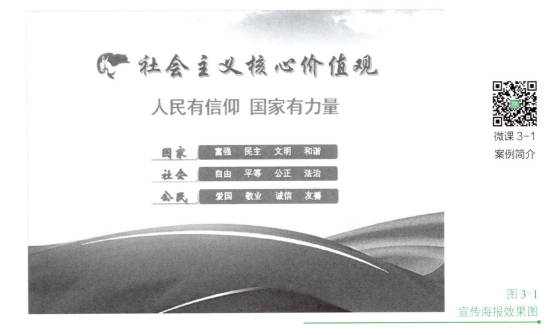

微课 3-1 案例简介

图 3-1 宣传海报效果图

3.1.2 知识技能目标

本案例涉及的知识点主要有文档背景图片的设置、艺术字的插入、文本框的使用、组织结构图的使用、图文混排。

知识技能目标：

- 掌握 Word 文档中艺术字的插入。

- 掌握 Word 文档中文本框的使用。
- 掌握 SmartArt 图形的使用。
- 熟练掌握 Word 中的图文混排操作。

3.2　案例实现

3.2.1　页面设置

微课 3-2
页面设置

在制作宣传海报之前，需要先对空白文档的页面进行设置并添加背景图片。具体操作步骤如下：

① 启动 Word 2016，创建一个空白的 Word 文档，以"宣传海报.docx"命名进行保存。

② 切换到"布局"选项卡，单击"页面设置"功能组中的"纸张方向"下拉按钮，从下拉列表中选择"横向"命令，如图 3-2 所示，调整纸张的方向。

③ 切换到"插入"选项卡，单击"插图"功能组中的"图片"按钮，如图 3-3 所示，打开"插入图片"对话框。

✎ 笔 记

图 3-2　"纸张方向"下拉列表

图 3-3　"插图"功能组

④ 在打开的对话框中找到素材文件夹中的"红色背景.jpg"图片，如图 3-4 所示，单击"插入"按钮，将图片插入文档。

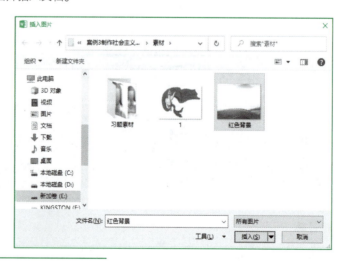

图 3-4
插入图片"对话框

⑤ 选中刚刚插入的图片，切换到"图片工具|格式"选项卡，单击"排列"功能组中的"环绕文字"下拉按钮，从下拉列表中选择"衬于文字下方"命令，如图 3-5 所示，调整图片的环绕方式。

⑥ 使图片处于选中的状态，单击"大小"功能组右下角的对话框启动器按钮，打开"布局"对话框，切换到"大小"选项卡，取消选中"缩放"栏中的"锁定纵横比"复选框，然后设置"高度"栏中"绝对值"微调框的值为"21 厘米"和"宽度"栏中"绝对值"微调框的值为"29.7 厘米"，如图 3-6 所示。

笔 记

图 3-5　选择"衬于文字下方"命令　　　　图 3-6　"大小"选项卡

⑦ 切换到"位置"选项卡，在"水平"栏中选中"对齐方式"单选按钮并从其后的下拉列表中选择"居中"选项，从"相对于"后的下拉列表中选择"页面"选项。在"垂直"栏中选择"对齐方式"单选按钮并从其后的下拉列表中选择"居中"选项，从"相对于"后的下拉列表中选择"页面"选项，如图 3-7 所示。单击"确定"按钮，完成页面底图的设置。

图 3-7
"布局"对话框

●3.2.2　插入艺术字

宣传海报的大标题是由艺术字实现的，在艺术字之前插入了一幅旗帜的图片。具体操作步骤如下：

① 打开"插入图片"对话框，找到素材中的旗帜图片，将其插入到文档中。

② 使旗帜图片处于选中的状态，切换"图片工具|格式"选项卡，单击"排列"功能组中的"环绕文字"下拉按钮，从下拉列表中选择"浮于文字上方"命令。在"大小"功能组中设置"高度"微调框的值为"2 厘米"，如图 3-8 所示。

图 3-8
设置图片
"高度"

③ 单击"调整"功能组中的"删除背景"按钮，如图 3-9 所示。

进入图片编辑状态，拖动矩形边框四周上的控制点，圈出最终要保留的图片区域，如图 3-10 所示。

图 3-9　"删除背景"按钮

图 3-10　图片保留区域

④ 单击"关闭"功能组中的"保留更改"按钮，如图 3-11 所示，完成图片背景的删除。

图 3-11
"保留更改"按钮

⑤ 切换到"插入"选项卡，单击"文本"功能组中的"艺术字"下拉按钮，从下拉列表中选择"填充-白色，轮廓-着色 2，清晰阴影-着色 2"选项，如图 3-12 所示。

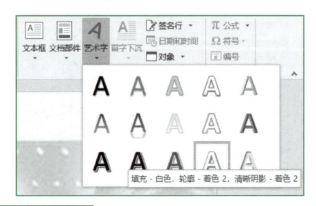

图 3-12
选择艺术字样式

⑥ 选择"请在此处放置您的文字"字样，将其改为"社会主义核心价值观"，将艺术字拖动到旗帜图片的右侧。

⑦ 选中艺术字，切换到"开始"选项卡，在"字体"功能组中设置其字体为"华文行楷"、

字号为"54"、加粗。

⑧ 使艺术字处于选中的状态，切换到"绘图工具|格式"选项卡，单击"艺术字样式"组中的"文本填充"下拉按钮，从下拉列表中选择"标准色"栏中的"深红"选项，如图 3-13 所示。单击"文本轮廓"下拉按钮，从下拉列表中选择"主题颜色"栏中的"白色，背景 1"选项，如图 3-14 所示。

图 3-13 "文本填充"下拉列表

图 3-14 "文本轮廓"下拉列表

⑨ 同时选中艺术字和旗帜图片，切换到"绘图工具|格式"选项卡，单击"排列"功能组中的"对齐"下拉按钮，从下拉列表中选择"垂直居中"命令，如图 3-15 所示。调整对象的对齐方式，效果如图 3-16 所示。

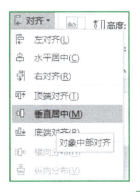
图 3-15
"垂直居中"命令

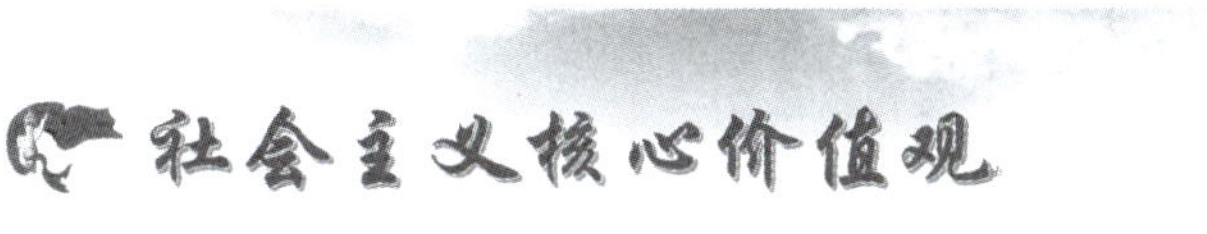

社会主义核心价值观
图 3-16
图片与艺术字调整
对齐方式后的效果

3.2.3 插入文本框

海报中的宣传标语"人民有信仰 国家有力量"显示在海报标题的下方，可利用文本框实现。具体操作步骤如下：

① 切换到"插入"选项卡，单击"文本"功能组中的"文本框"下拉按钮，从下拉列表中选

微课 3-4
插入
文本框

择"绘制文本框"命令，如图 3-17 所示。

图 3-17
"绘制文本框"命令

笔 记

　　② 将鼠标移到海报标题的下方，按下鼠标左键，拖动鼠标绘制一个文本框。在文本框中输入文本"人民有信仰 国家有力量"。

　　③ 选中文本框，切换到"开始"选项卡，在"字体"功能组中设置文本框中文本的字体为"黑体"、字号为"小初"、加粗、红色。

　　④ 使文本框处于选中的状态，切换到"绘图工具|格式"选项卡，在"形状样式"功能组中单击"形状填充"下拉按钮，从下拉列表中选择"无填充颜色"选项，如图 3-18 所示。单击"形状轮廓"下拉按钮，从下拉列表中选择"无轮廓"选项，如图 3-19 所示。这样就完成了文本框的设置。

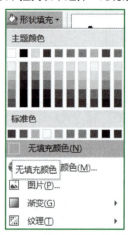
图 3-18　设置"形状填充"

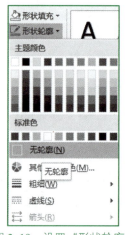
图 3-19　设置"形状轮廓"

3.2.4 插入组织结构图

海报的正文是社会主义核心价值观的内容，从效果图可以看出，海报内容呈现一种层次的关系，可以使用 SmartArt 图形实现。具体操作步骤如下：

① 切换到"插入"选项卡，单击"插图"功能组中的"SmartArt"按钮，如图 3-20 所示。打开"选择 SmartArt 图形"对话框，如图 3-21 所示。

微课 3-5 插入组织 结构图

图 3-20
"SmartArt"按钮

② 选择"垂直块列表"选项，如图 3-21 所示。单击"确定"按钮，将此 SmartArt 图形插入到文档中。

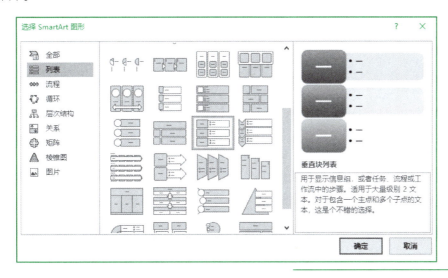

图 3-21
"选择 SmartArt
图形"对话框

③ 使 SmartArt 图形处于选中的状态，切换到"SmartArt 工具|格式"选项卡，单击"排列"功能组中的"环绕文字"下拉按钮，从下拉列表中选择"浮于文字上方"命令，之后调整 SmartArt 图形到文本框的下方，如图 3-22 所示。

图 3-22
插入 SmartArt 图形

笔 记

④ 单击 SmartArt 图形的第 1 个图形即可进入文字输入状态,在图形中输入"国家",选中输入的文本,切换到"开始"选项卡,在"字体"功能组中设置文本的字体为"华文新魏"、字号为"28"、加粗、红色。切换到"SmartArt 工具|格式"选项卡,单击"艺术字样式"功能组中的"文本效果"按钮,从下拉列表中选择"阴影"级联菜单中的"外部"和"右下偏移"选项,如图 3-23 所示。

⑤ 选中"国家"下方的圆角矩形框,切换到"SmartArt 工具|格式"选项卡,单击"形状格式"功能组中的"形状填充"按钮,从下拉列表中选择"白色,背景 1"选项,在"形状效果"下拉列表中选择"阴影"级联菜单中的"外部"和"右下偏移"选项;在"大小"功能组中,设置"高度"微调框的值为"0.8 厘米"和"宽度"微调框的值为"3.9 厘米"。

⑥ 将插入点定位于"国家"后的圆角矩形中,在其中输入"富强 民主 文明 和谐"(为使文档的间距相同,在输入时可利用 Tab 键调整文本之间的距离),设置输入文本的字号为"18"、加粗,颜色为"白色,背景 1",设置背景图形的"形状填充"为"红色",根据字体调整圆角矩形的大小。

⑦ 选中"国家"的下一级圆角矩形框,切换到"SmartArt 工具|设计"选项卡,单击"创建图形"功能组中的"升级"按钮,如图 3-24 所示。

图 3-23 设置"文本效果"

图 3-24 调整形状级别

⑧ 调整升级后两个矩形框的位置,如图 3-25 所示。

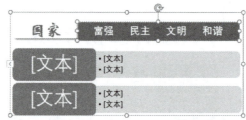

图 3-25
调整形状位置后的效果

⑨ 使用同样的方法,向 SmartArt 图形中输入"社会"和"公民"部分的社会主义核心价值观内容,调整形状级别,效果如图 3-26 所示。

⑩ 按下 Shift 键，同时选中艺术字、文本框和 SmartArt 图形，切换到"绘图工具|格式"选项卡，单击"排列"功能组中的"对齐"下拉按钮，从下拉列表中选择"纵向分布"命令，如图 3-27 所示，调整各对象之间间距相同。

笔 记

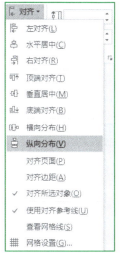

图 3-26　SmartArt 图形设置完成后的效果　　　图 3-27　"纵向分布"命令

⑪ 单击"保存"按钮保存文档，完成案例的制作。

3.3　案例小结

社会主义核心价值观是社会主义核心价值体系的内核，体现社会主义核心价值体系的根本性质和基本特征，反映社会主义核心价值体系的丰富内涵和实践要求，是社会主义核心价值体系的高度凝练和集中表达。

本案例通过制作社会主义核心价值观宣传海报，讲解了 Word 2016 中艺术字的插入、组织结构图的使用、文本框的设置、图文混排等操作。在实际操作中还需要注意以下问题：

① 在 Word 中插入图片或图形对象后，文字环绕方式主要有嵌入型、四周型、紧密型环绕、穿越型环绕、上下型环绕、衬于文字下方、浮于文字上方以及编辑环绕顶点等。环绕方式的说明见表 3-1。

表 3-1　文字环绕方式

文字环绕方式	说　　明
嵌入型	默认的环绕方式，图片嵌入文字中，并随文字的改变而发生位置的改变
四周型	无论图片是什么形状，文字以矩形方式环绕在图片四周；如果图片不是矩形，将留下空隙
紧密型环绕	如果图片是矩形，则文字以矩形方式环绕在图片周围；如果图片是不规则图形，则文字将紧密环绕在图片四周，不留任何空隙
穿越型环绕	文字可以穿越不规则图片的空白区域环绕图片
上下型环绕	文字环绕在图片上方和下方
衬于文字下方	图片在下、文字在上，分两层，文字将覆盖图片
浮于文字上方	图片在上、文字在下，分两层，图片将覆盖文字
编辑环绕顶点	可以编辑文字环绕区域的顶点，实现更个性化环绕效果

② Word 文档中的组织结构图可以通过自选图形实现，在绘图时注意 Ctrl、Alt 以及 Shift 键的使用。

如果要绘制一个以光标起点为起始点的圆形、正方形或者正三角形时，需要在选中某个形状后，按 Shift 键不放，在文档内拖动时即可得到。

如果要绘制一个以光标起点为起始点的自选图形时，需要在选中某个形状后，按住 Ctrl 键不放，在文档内拖动时即可得到。

如果要绘制一个以光标起点为起始点的圆形、正方形或者正三角形时，需要在选中某个形状后，按住 Shift 键和 Ctrl 键不放，在文档内拖动时即可得到。

3.4　经验技巧

3.4.1　图片操作技巧

（1）修改图片默认环绕方式

在 Word 中插入图片后，默认情况下图片是无法自由移动的，只有手动设置环绕方式后才可以移动。图片的默认环绕方式是可以进行设置的，完成设置后再插入图片时不需要手动去设置。操作方法如下：

切换到"文件"选项卡，选择"选项"命令，打开"Word 选项"对话框。切换到"高级"选项卡，在"剪切、复制和粘贴"栏中单击"将图片插入/粘贴为："右侧的下拉按钮，从下拉列表中选择所需要的选项即可，如图 3-28 所示。

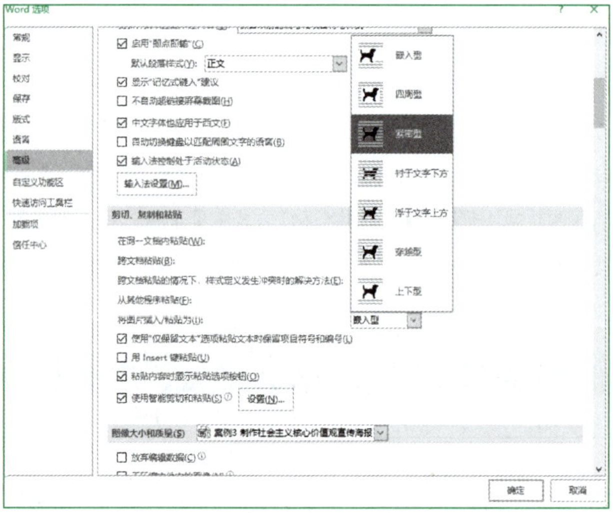

图 3-28
"Word 选项"对话框

（2）快速将网页中的图片插入 Word 文档中

在编辑 Word 文档时，如果需要将一张网页中正在显示的图片插入文档中，一般的方法是把网页中的图片另存到计算机中，然后通过"插入图片"对话框把图片插入文档中。此外还有一种简易可行的方法如下：

将 Word 的窗口调小一些，使其和网页窗口并列在屏幕上，然后用鼠标在网页中单击需要插入

Word 文档中的那幅图片不放，直接把它拖曳到 Word 文档中再松开鼠标，此时图片已经插入 Word 文档中。需要注意的是，此方法只适合没有链接的 JPG、GIF 格式图片。

笔 记

3.4.2 将文字转换为图片

当文档编辑完成后，有时候会遇到需要将文档中的某些文字转换成图片的情况，可以利用 Word 中的"替换"功能实现。例如，将素材文件夹中的"五星红旗"文档中的文字"五星红旗"替换为五星红旗图片，具体操作步骤如下：

① 打开素材文件夹，选中五星红旗图片，将其复制到剪贴板中。

② 打开素材文档"五星红旗"，切换到"开始"选项卡，单击"编辑"功能组中的"替换"按钮，打开"查找和替换"对话框。

③ 在"查找内容"后的文本框中输入"五星红旗"，在"替换为"后的文本框中输入"^c"，如图 3-29 所示。单击"全部替换"按钮，即可将文本替换为图片。

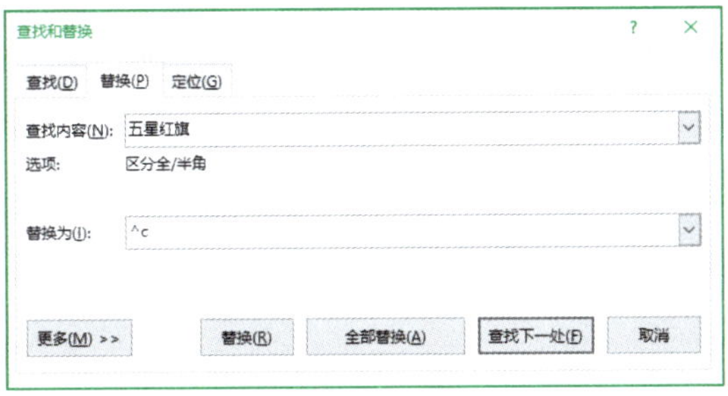

图 3-29
"查找和替换"对话框

说明："^c"的含义是让 Word 以剪贴板中的内容替换"查找内容"文本框中的内容，此外，"^c"还可以替换包括回车符在内的任何可以复制到剪贴板上的可视内容。

3.5 拓展练习

制作如图 3-30 所示的企业介绍宣传海报。具体要求如下：

图 3-30
企业介绍宣传海报效果图

41

① 利用艺术字实现"公司简介""组织结构"和"办公条件"3 部分的标题。

② 利用文本框实现"公司简介"的文本内容。

③ 利用组织结构图实现"组织结构"介绍。

④ 利用图文混排实现"办公条件"介绍。

⑤ 为海报添加页眉和图片水印。

案例 4　制作获奖证书

PPT:案例4 制作获奖证书

PPT

微课 4-1 案例简介

4.1　案例简介

4.1.1　案例需求与展示

为了纪念五四运动、弘扬五四精神，激发同学们的爱国热情，某高校计算机学院举行了以"初心颂歌，青春礼赞"为主题的歌咏比赛。李明是计算机学院的学生会主席，负责此次活动组织与证书制作。活动结束后，李明利用 Word 2016 的邮件合并功能，方便快捷地批量完成证书的制作，效果如图 4-1 所示。

图 4-1 "获奖证书"效果图（部分）

4.1.2　知识技能目标

本案例涉及的知识点主要有创建主文档、创建和编辑数据源、完成合并操作。

知识技能目标：

- 掌握邮件合并的基本操作。
- 掌握利用邮件合并功能批量制作证书、邀请函、信封等。
- 加强对批量处理文档的认识和理解，并能够合理地运用。

4.2　案例实现

很多单位、部门经常需要给不同的人颁发相同形式的证书，即同一种证书上的内容除了个人信息等少数项目不同以外，其他内容、格式都完全一样，且此类文档经常需要批量打印或发送。使用邮件合并功能可以非常轻松地做好此类工作。

　　邮件合并是在两个电子文档之间进行的，其原理是将发送的文档中相同的部分保存为一个文档，称为主文档；将不同的部分，如姓名、电话号码等保存为另一个文档，称为数据源，然后将主文档与数据源合并起来，形成用户需要的文档。

微课 4-2
创建
主文档

4.2.1　创建主文档

主文档的制作步骤如下：

① 启动 Word 2016，创建一个空白文档，并以"证书模板.docx"命名进行保存。

② 切换到"布局"选项卡，单击"页面设置"功能组右下角的对话框启动器按钮，打开"页面设置"对话框，切换到"纸张"选项卡，在"纸张大小"栏中将纸张大小设置为"B5（JIS）"，如图 4-2 所示。切换到"页边距"选项卡，将"纸张方向"设置为"横向"，"页边距"的上、下微调框均设置为"3.17 厘米"，左、右微调框均设置为"3 厘米"，如图 4-3 所示。单击"确定"按钮，完成文档的页面设置。

笔记

图 4-2　"纸张"选项卡

图 4-3　"页边距"选项卡

③ 切换到"设计"选项卡，在"页面背景"功能组中单击"页面颜色"按钮，从下拉菜单中选择"填充效果"命令，如图 4-4 所示，打开"填充效果"对话框。

④ 切换到"图案"选项卡，选择"图案"栏中的"草皮"选项，并设置"前景"为"金色，个性色 4，淡色 40%"，"背景"为"白色，背景 1"，如图 4-5 所示。单击"确定"按钮，完成页面背景的颜色填充。

⑤ 在"页面背景"功能组中单击"页面边框"按钮，打开"边框和底纹"对话框，切换到"页面边框"选项卡，在"设置"栏中选择"方框"选项，在"样式"列表框中选择如图 4-6 所示的

样式，设置颜色为"红色"，宽度为"3.0磅"，单击"确定"按钮，完成页面边框的添加。设置完成后的效果如图4-7所示。

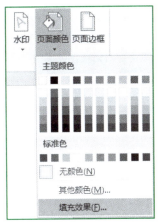

图4-4 "填充效果"命令

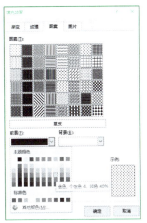

图4-5 "填充效果"对话框

图4-6
设置页面边框

图4-7
设置了页面颜色与
页面边框后的效果

笔 记

⑥ 将插入点定位到文档的首行，输入文本“获奖证书”。选中输入的文本，切换到“开始”选项卡，在“字体”功能组中设置文本字体为“华文楷体”、字号为“72”、加粗、红色，打开“段落”对话框，设置“段后”间距为“0.5 行”。

⑦ 按 Enter 键，将插入点定位到下一行，在“字体”功能组中设置文本字体为“华文楷体”、字号为“小二”、加粗、颜色为“黑色，文字 1”，打开“段落”对话框，设置“段后”间距为“0 行”、“特殊”为“首行”、“缩进值”为“2 字符”。然后输入如图 4-8 所示的证书内容，并调整证书后 2 行文本对齐方式为“右对齐”。

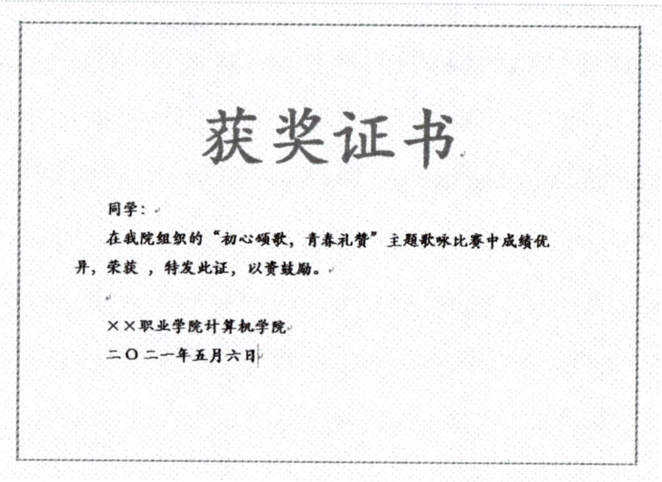

获奖证书

同学：

在我院组织的“初心颂歌，青春礼赞”主题歌咏比赛中成绩优异，荣获 ，特发此证，以资鼓励。

××职业学院计算机学院

二〇二一年五月六日

图 4-8
证书文本内容

⑧ 单击“保存”按钮保存文件，完成主文档的制作，如图 4-9 所示。

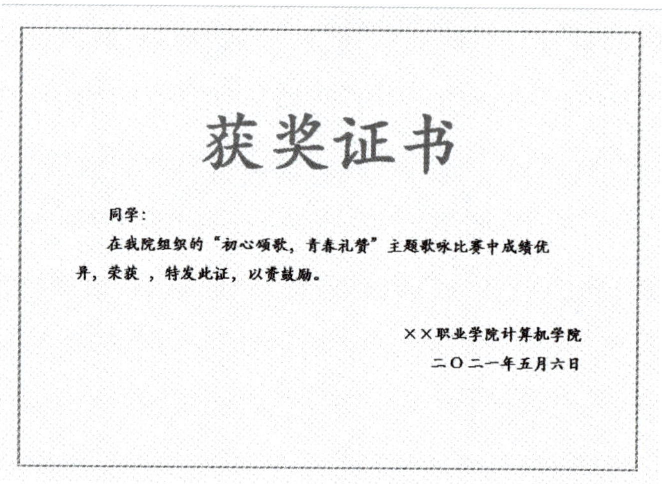

获奖证书

同学：

在我院组织的“初心颂歌，青春礼赞”主题歌咏比赛中成绩优异，荣获 ，特发此证，以资鼓励。

××职业学院计算机学院

二〇二一年五月六日

图 4-9
主文档制作完成后效果图

4.2.2 创建数据源

邮件合并中的数据源可以在“邮件合并分步向导”的第 3 步“选取收件人”中通过键入新列表来进行创建，也可以事先准备好。当数据源内容较多时，可以先使用 Excel 创建。数据源可以看成是一张简单的二维表格，表格中的每一列对应一个信息类别，如姓名、性别、联系电话等。各个数据的名称由表格的第 1 行来表示，这一行称为域名行，随后的每一行为一条数据记录。数据记录是一组完整的相关信息。

利用 Excel 工作簿建立一个二维表，输入以下数据，如图 4-10 所示，并以"获奖学生名单.xlsx"保存。

	A	B	C
1	序号	姓名	奖项
2	1	王东	一等奖
3	2	马静	一等奖
4	3	崔鸣	二等奖
5	4	姜平	二等奖
6	5	潘涛	二等奖
7	6	邹燕	三等奖
8	7	孙斌	三等奖
9	8	赵彬	三等奖
10	9	邱丽	三等奖
11	10	王富	三等奖

图 4-10
"数据源"内容

4.2.3 邮件合并

创建好主文档和数据源后，就可以进行邮件合并了。具体操作步骤如下：

① 打开主文档"证书模板.docx"，切换到"邮件"选项卡，单击"开始邮件合并"功能组中的"开始邮件合并"下拉按钮，在下拉列表中选择"邮件合并分步向导"命令，如图 4-11 所示，打开"邮件合并"窗格。

② 在"选择文档类型"栏中选择"信函"，单击"下一步：开始文档"超链接，如图 4-12 所示。

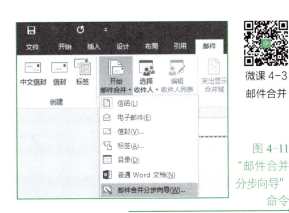

微课 4-3
邮件合并

图 4-11
"邮件合并
分步向导"
命令

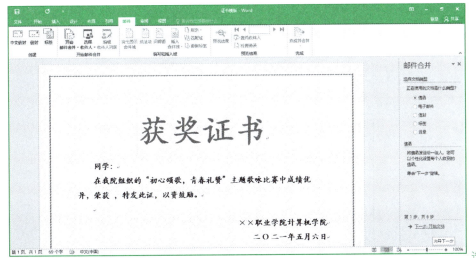

图 4-12
选择文档类型

③ 在打开的"选择开始文档"向导页中，选中"使用当前文档"单选按钮，并单击"下一步：选择收件人"超链接，如图 4-13 所示。

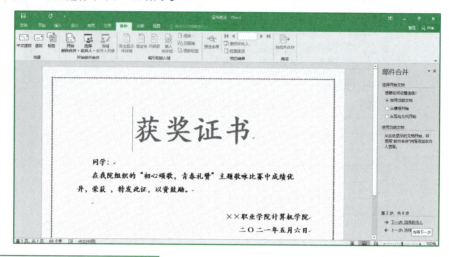

图 4-13
选择开始文档

④ 在打开的"选择收件人"向导页中，选中"使用现有列表"单选按钮，之后单击"浏览"超链接，在打开的"选取数据源"对话框中找到素材文件夹中的"获奖学生名单.xlsx"，如图 4-14 所示。单击"打开"按钮，在"选择表格"对话框中选择获奖学生信息所在的工作表 Sheet1，如图 4-15 所示。单击"确定"按钮，打开"邮件合并收件人"对话框，选中所有项目，如图 4-16 所示。单击"确定"按钮，返回"邮件合并"窗格。

图 4-14
"选取数据源"对话框

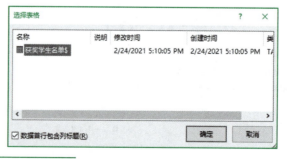

图 4-15
"选择表格"对话框

⑤ 单击向导栏中的"下一步：撰写信函"超链接，进入"撰写信函"向导页。在主文档编辑窗口中，将插入点定位于"同学"之前，在"撰写信函"下单击"其他项目"超链接，打开"插入合并域"对话框，选择"域"下方列表框中的"姓名"选项，如图 4-17 所示。单击"插入"按钮，完成"姓名"合并域的插入，再单击"关闭"按钮，返回主文档。

笔 记

图 4-16 "邮件合并收件人"对话框   图 4-17 "插入合并域"对话框

⑥ 使用同样的方法，将插入点定位于在主文档编辑窗口的"获奖"之后，打开"插入合并域"对话框，选择"奖项"并单击"插入"按钮，完成"奖项"合并域的插入。合并域插入完成后的效果如图 4-18 所示。

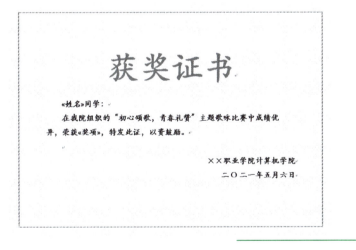

图 4-18
插入合并域后的效果

⑦ 单击"下一步：预览信函"超链接，主文档中出现已合并完成的第 1 位同学的获奖证书，如图 4-19 所示。单击"邮件合并"窗格中的"下一个"按钮，可逐个查看合并后的信函。

⑧ 确认合并后的文档没有错误后，单击"预览信函"向导页中的"下一步：完成合并"超链接，进入"完成合并"向导页。

⑨ 单击"完成合并"下的"编辑单个信函"超链接，打开"合并到新文档"对话框。在对话框中选中"全部"单选按钮，如图 4-20 所示。单击"确定"按钮，则所有的记录都被合并到新文

档中，如图 4-1 所示。将合并后的新文档以"歌咏比赛获奖证书.docx"进行保存。

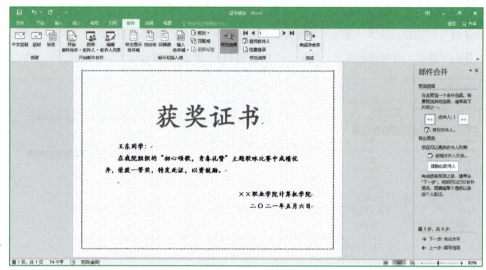

图 4-19
"预览信函"
效果图

注意：若合并后的文档没有页面背景，可选中全部文本，再次设置页面背景即可。

✎ 笔记

4.2.4 打印获奖证书

方法 1：在"邮件合并"的第 6 步"完成合并"后，在"邮件合并"窗格中单击"打印"超链接，打开"合并到打印机"对话框，如图 4-21 所示。在对话框中进行所需的设置，完成后单击"确定"按钮即可。

图 4-20 "合并到新文档"对话框　　图 4-21 "合并到打印机"对话框

方法 2：打开"合并后的邀请函.docx"，直接进行打印。

4.3 案例小结

本案例通过制作获奖证书，讲解了 Word 中的邮件合并。利用邮件合并功能，可以轻松地批量制作邀请函、贺年卡、荣誉证书、录取通知书、工资单、信封、准考证等。

邮件合并的操作可以分为以下 4 步。

第 1 步：创建主文档。

第 2 步：创建数据源。

第 3 步：在主文档中插入合并域。

第 4 步：执行合并操作。

4.4 经验技巧

4.4.1 邮件合并中的条件判断

在利用邮件合并制作请柬时会遇到这样的问题：如果数据源中被邀请人的性别为男则在姓名后添加先生，如果性别为女则在姓名后添加女士，此时就需要对插入的合并域进行判断。当"性别"域插入完成后，可进行如下的操作：

① 选中已插入的"性别"域，切换到"邮件"选项卡，单击"编写和插入域"功能组中的"规则"下拉按钮，从下拉列表中选择"如果…那么…否则…"命令，如图 4-22 所示，打开"插入 Word 域：IF"对话框。

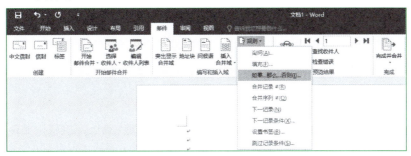

图 4-22 "如果…那么…否则…"命令

② 在"域名"下拉列表中选择"性别"选项；在"比较条件"下拉列表中选择"等于"选项；在"比较对象"文本框中输入"男"；在"则插入此文字"文本框中输入"先生"；在"否则插入此文字"文本框中输入"女士"，如图 4-23 所示。单击"确定"按钮，即可完成合并域的判断。

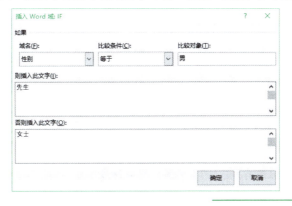

图 4-23 "插入 Word 域：IF"对话框

4.4.2 保留邮件合并后的小数位数

使用邮件合并导入带小数的数据时，经常会出现导入数据后的小数长度不正常的情况，如图 4-24 所示。要解决此问题可进行如下操作：

图 4-24 邮件合并后小数位数异常

① 关闭邮件合并的预览结果，将鼠标定位到"成绩"合并域中，右击，从弹出的快捷菜单中选择"切换域代码"命令，如图 4-25 所示。

图 4-25
"切换域代码"命令

② 在域代码后输入"\#"0.0""，如图 4-26 所示。

笔 记

③ 右击修改后的域代码，从弹出的快捷菜单中选择"更新域"命令。切换到"邮件"选项卡，单击"预览结果"功能组中的"预览结果"按钮，即可看到合并后的成绩保留了 1 位小数，如图 4-27 所示。

图 4-26　修改域代码

图 4-27　修改域代码后预览结果

4.5　拓展练习

某国际学术会议将在某高校大礼堂举行，拟邀请部分专家、老师和学生代表参加。因此，学术会议主办方将需要制作一批邀请函，并分别递送给相关的参会人员。

请按以下要求，完成邀请函的制作，效果如图 4-28 所示。

① 打开素材文件夹中的文档"Word.docx"。调整文档的版面，要求页面高度 20 厘米，页面宽度 28 厘米，页边距（上、下）为 3 厘米，页边距（左、右）为 4 厘米。

② 将素材文件夹下的图片"背景图片.jpg"设置为邀请函背景图。

③ 根据邀请函效果图，调整邀请函内容文字的字体、字号以及颜色。

④ 调整正文中"国际学术交流会议"和"邀请函"两个段落的间距，调整邀请函中内容文字段落的对齐方式。

⑤ 在"尊敬的"和"同志"文字之间，插入拟邀请的专家、老师和学生代表的姓名，姓名在素材文件夹下的"通讯录.xlsx"文件中。每页邀请函中只能包含 1 个姓名，所有的邀请函页面请另

外保存在一个名为"Word-邀请函.docx"文件中。邀请制作完成后，以"最终样式.docx"文件名
进行保存。

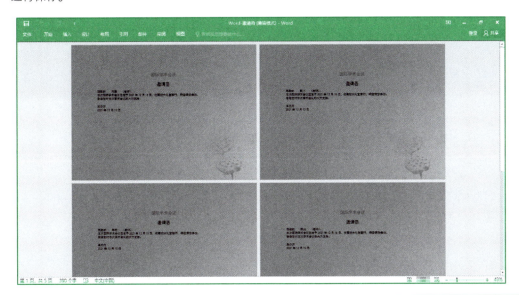

图 4-28
邀请函
效果图

案例 5 毕业论文的编辑与排版

5.1 案例简介

5.1.1 案例需求与展示

李阳是某高职院校通信专业的一名大三学生。临近毕业，他按照毕业设计指导老师发放的毕业设计任务书的要求，完成了项目开发和论文内容的撰写。接下来，他需要使用 Word 2016 对论文进行编辑和排版。具体要求如下：

（1）论文的组成部分

论文必须包括封面、中文摘要、目录、正文、致谢、参考文献等部分，如果有源代码或线路图等，也可以在参考文献后追加附录。各部分的标题均采用论文正文中一级标题的样式。

（2）论文各组成部分的正文

中文字体为"宋体"，西文字体为"Times New Roman"，字号均为"小四"，首行缩进两个字符；除已说明的行距外，其他正文均采用 1.25 倍行距。其中如有公式，行间距会不一致，在设置段落格式时，取消选中"如果定义了文档网格，对齐网格"复选项。

（3）封面的要求

根据素材文件夹给出的模板（见素材文件夹中文档"封面模板.docx"），并根据需要做必要的修改，封面中不书写页码。

（4）目录的要求

自动生成目录，字号为"小四"，对齐方式为"右对齐"。

（5）摘要的要求

在摘要正文后间隔一行输入文字"关键词："，字体为"宋体"、字号为"四号"、加粗，首行缩进两个字符。

（6）论文正文中的各级标题的要求

① 一级标题：字体为"黑体"，字号为"三号"，加粗，对齐方式为"居中"，段前、段后均为 0 行，1.5 倍行距。

② 二级标题：字体为"楷体"，字号为"四号"，加粗，对齐方式为"靠左"，段前、段后均为 0 行，1.25 倍行距。

PPT：案例5
毕业论文
的编辑与
排版

微课 5-1
案例简介

笔 记

③ 三级标题：字体为"楷体"，字号为"小四"，加粗，对齐方式为"靠左"，段前、段后均为 0 行，1.25 倍行距。

（7）论文中的图片的要求

对齐方式为"居中"；每张图片有图号和图名，并在图片正下方居中书写。图号采用如"图 1-1"的格式，并在其后空两格书写图名；图名的中文字体为"宋体"，西文字体为"Times New Roman"，字号为"五号"。

（8）论文中的表格的要求

对齐方式为"居中"；单元格中的内容对齐方式为"居中"，中文字体为"宋体"，西文字体为"Times New Roman"，字号均为"五号"，标题行文字加粗；表格允许下页接写，表题可省略，表头应重复写，并在左上方写"续表××"；每张表格有表号和表名，并在表格正上方居中书写。表号采用如"表 1.1"的格式，并在其后空两格书写表题；表名的中文字体为"宋体"，西文字体为"Times New Roman"，字号为"五号"。

（9）参考文献的要求

正文按指定的格式要求书写，1.5 倍行间距。

（10）页面设置

采用 A4 大小的纸张打印，上、下页边距均为 2.54 厘米，左、右页边距分别为 3.17 厘米和 2.54 厘米；装订线 0.5 厘米；页眉、页脚距边界 1 厘米。

（11）页眉的要求

中文为"宋体"，西文为"Times New Roman"，字号为"五号"；采用单倍行距，居中对齐。除论文正文部分外，其余部分的页眉中书写当前部分的标题；论文正文奇数页的页眉中书写章题目，偶数页书写"××职业学院毕业设计论文"。

（12）页脚的要求

中文为"宋体"，西文为"Times New Roman"，字号为"小五"；采用单倍行距，居中对齐；页脚中显示当前页的页码。其中，中文摘要与目录的页码使用希腊文，且分别单独编号；从论文正文开始，使用阿拉伯数字，且连续编号。

（13）页面打印的要求

论文一律左侧装订，封面、摘要单面打印，目录、正文、致谢、参考文献等双面打印。

经过技术分析，小李按要求完成了论文的排版，效果如图 5-1 所示。

5.1.2　知识技能目标

本案例涉及的知识点主要有样式的创建和应用、图表的编辑、分节符的使用、目录的生成、页眉页脚的设置等基本操作。

知识技能目标：

- 掌握 Word 文档中样式的设置和应用。
- 掌握利用分节符对文档分节。

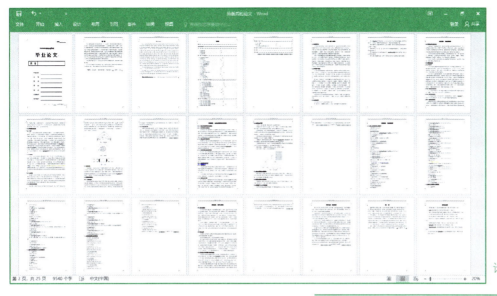

图 5-1
论文效果图
（部分）

- 掌握图、表的编辑。
- 掌握目录的生成。
- 掌握页眉、页脚的设置。

笔 记

5.2 案例实现

对于毕业论文这类的长文档，编辑、排版是 Word 中一个比较复杂的应用。要实现案例的效果，需要对文档进行一系列设置。

5.2.1 页面设置

对论文排版之前，需要先对文档的页面进行设置。具体操作步骤如下：

① 打开素材文件夹中的文档"论文原稿.docx"。切换到"布局"选项卡，单击"页面设置"功能组右下角的对话框启动器按钮，打开"页面设置"对话框。切换到"纸张"选项卡，设置"纸张大小"为 A4。

② 切换到"页边距"选项卡，设置"页边距"的上、下微调框的值均为"2.54 厘米"，左、右微调框的值分别为"3.17 厘米"和"2.54 厘米"，"装订线"微调框的值为"0.5 厘米"，"纸张方向"为"纵向"，如图 5-2 所示。

③ 切换到"版式"选项卡，选中"页眉和页脚"栏中的"奇偶页不同"复选框，并将"页眉"和"页脚"微调框的值均设置为"1 厘米"，如图 5-3 所示。

④ 在"文档网络"选项卡中，选中"网络"栏的"无网络"单选按钮。

⑤ 单击"确定"按钮，完成对文档的页面设置。

5.2.2 创建样式

样式是已经命名的字符和段落格式，它规定了文档中标题、正文等各个文本元素的格式。为了使整个文档具有相对统一的风格，相同的标题应该具有相同的样式设置。

微课 5-2
创建与
应用样式

57

笔 记

图 5-2 "页边距"选项卡   图 5-3 "版式"选项卡

Word 2016 提供了多种内置样式，但不完全符合"论文编写格式要求"中的规定。论文中存在一级标题、二级标题和三级标题，需要用户自行创建。最后，将创建好的样式应用到论文中。

创建"论文一级标题"样式的操作步骤如下：

① 切换到"开始"选项卡，单击"样式"功能组右下角的对话框启动器按钮，打开"样式"窗格。单击窗格左下角的"新建样式"按钮，如图 5-4 所示，打开"根据格式设置创建新样式"对话框。

② 在"属性"栏中，在"名称"后的文本框中输入样式的名称"论文一级标题"，在"样式类型"后下拉列表中选择"段落"选项，单击"样式基准"后的下拉按钮，从弹出的下拉列表中选择"标题 1"选项，设置"后续段落格式"后下拉列表的值为"论文一级标题"。在"格式"栏中从"字体"的下拉列表中选择"黑体"、在"字号"的下拉列表中选择"三号"、加粗、居中，如图 5-5 所示。

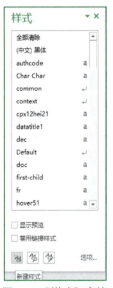

图 5-4 "样式"窗格

图 5-5 "根据格式设置创建新样式"对话框

③ 单击对话框左下角的"格式"按钮，在弹出的菜单中选择"段落"命令，打开"段落"对话框。设置"缩进"栏中"左侧"和"右侧"微调框的值均为"0 字符"、"特殊"为"无"，设置"间距"栏中"段前"和"段后"间距均为"0 行"、"行距"为"1.5 倍行距"，如图 5-6 所示。设置完成后，单击"确定"按钮，回到"根据格式设置创建新样式"对话框后再次单击"确定"按钮，完成对"论文一级标题"样式的创建。

图 5-6
设置行距为
"1.5 倍行距"

④ 用同样的方法，按论文编写格式要求中的规定创建"论文二级标题""论文三级标题"和"论文正文"。其中"论文二级标题"样式基准为"标题 2"；"论文三级标题"样式基准为"标题 3"；"论文正文"样式基准为"正文"。需要注意的是，由于论文正文的中英文字体不同，在设置"论文正文"样式时，其字体的设置需要单击"格式"按钮，在弹出的下拉菜单中选择"字体"命令，打开"字体"对话框，在此对话框中分别进行中、英文字体的设置。

笔 记

5.2.3　应用样式

样式创建完成后，即可应用样式对文档进行排版。具体操作步骤如下：

① 将插入点置于"摘要"中，单击"样式"窗格中"论文一级标题"样式按钮，即可快速为"摘要"应用了此样式。

② 使用同样的方法将"Abstract""第×章……""致谢"及"参考文献"设置成"论文一级标题"样式。

③ 将论文中的二级标题如"1.1……"等设置成"论文二级标题"样式。

④ 将论文中的三级标题如"2.2.1……"等设置成"论文三级标题"样式。

⑤ 将插入点置于"摘要"的正文中，切换到"开始"选项卡，单击"编辑"功能组中的

"选择"按钮，在弹出的下拉列表中选择"选择格式相似的文本"命令，如图 5-7 所示。接着单击"样式"窗格中的"论文正文"样式，快速将该样式应用到"摘要""论文正文"和"致谢"中。

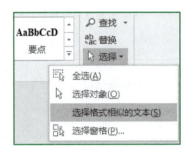

图 5-7
"选择格式相似的文本"命令

⑥ 选中"摘要"中的"关键词："和"Keywords:"，在"字体"功能组中按照论文排版格式要求，设置其字号为"四号"、加粗。

⑦ 选中"参考文献"的正文内容，打开"段落"对话框，根据论文排版格式要求，设置段落"行距"为"1.5 倍行距"。

微课 5-3
插入题注
与交叉
引用

5.2.4 插入题注与交叉引用

（1）插入题注

题注就是给图片、表格、图表、公式等项目添加的名称和编号，以方便读者查找和阅读。在论文中出现的图片要求按章节中出现的顺序分章编号，使用 Word 中的"题注"功能可以实现对图片的自动编号。首先将素材中的图片"图 2-1"插入到文档指定的位置，调整图片的大小并使其居中对齐。之后进行插入题注的操作：

① 选中插入的图片。

② 切换到"引用"选项卡，在"题注"功能组中单击"插入题注"按钮，如图 5-8 所示。打开"题注"对话框，如图 5-9 所示。

笔 记

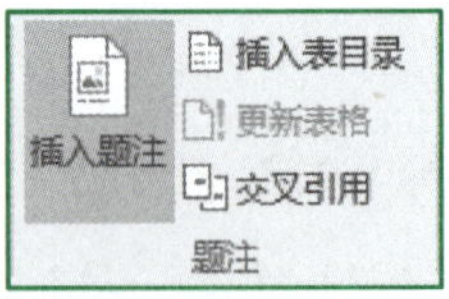

图 5-8 "插入题注"按钮

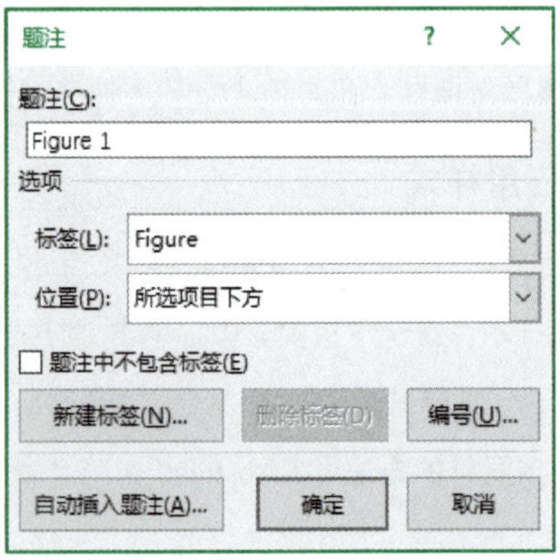

图 5-9 "题注"对话框

③ 单击"新建标签"按钮，打开"新建标签"对话框，在"标签"下方的文本框中输入"图 2-"，如图 5-10 所示。单击"确定"按钮，返回"题注"对话框。

④ 在"题注"下方的文本框中自动显示"图 2-1"。设置"选项"栏中"位置"下拉列表的值为"所选项目下方",如图 5-11 所示。单击"确定"按钮,即可在图的下方插入题注"图 2-1"。在插入的题注后输入两个空格并输入文字"同轴电缆",按论文排版的要求,设置题注的格式,效果如图 5-12 所示。

笔 记

图 5-10 "新建标签"对话框   图 5-11 "题注"对话框

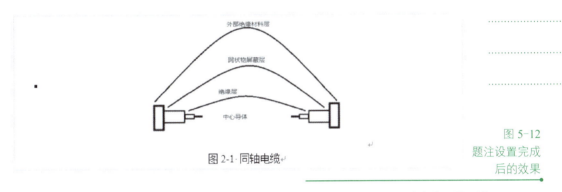

图 2-1 同轴电缆

图 5-12
题注设置完成
后的效果

⑤ 使用同样的方法,将素材文件夹中的其他图片插入到文档中,并设置其题注内容。需要说明的是:当需要对第 2 章的第 2 幅图加题注时,只需要选中该图,切换到"引用"选项卡,单击"题注"功能组中的"插入题注"按钮,在选项标签中选择对应的标签"图 2-",单击"确定"按钮,第 2 幅图的题注标签会自动出现在图片的下方,之后再输入文字说明即可。

(2)插入交叉引用

插入交叉引用的步骤如下:

① 将文本中"如图 2-1 所示"中的"图 2-1"删除,并将插入点置于"如"后,切换到"插入"选项卡,单击"链接"功能组中的"交叉引用"按钮,如图 5-13 所示,打开"交叉引用"对话框。

图 5-13
"交叉引用"按钮

② 在"引用类型"下拉列表中选择"图 2-",在"引用内容"下拉列表中选择"整项题注"

选项，在"引用哪一个题注"列表框中选择"图 2-1 同轴电缆"选项，如图 5-14 所示。单击"插入"按钮完成插入，再单击"取消"按钮关闭"交叉引用"对话框，即可实现交叉引用。

图 5-14
"交叉引用"对话框

③ 使用同样的方法向论文中添加图 2-2、图 2-3 和图 3-1 的交叉引用。

●5.2.5　文档分节

微课 5-4
文档分节

节是文档格式化的最大单位，只有在不同的节中，才可以设置与前面文本不同的页眉、页脚、页边距、页面方向、文字方向或分栏版式等格式。为了使文档的编辑排版更加灵活，用户可以将文档分割成多个节，以便于对同一个文档中不同部分的文本进行不同的格式化。在新建文档时，默认情况下 Word 将整篇文档认为是一个节。

节与节之间用一个双虚线作为分界线，称为分节符。在分节符中存储了之前整个一节的文本格式，如页边距、页眉和页脚等。分节符是一节的结束符号，也表示新一节的开始。

本案例中，论文格式要求设置不同的页眉、页脚，所以必须将文档分成多个节。由于文档内容较多，在对文档进行分节之前，可以打开"导航"窗格对文档的层级进行查看，并可通过单击其中的标题快速定位到文档中的相应位置进行编辑。具体操作步骤如下：

① 切换到"视图"选项卡，在"显示"功能组中选中"导航窗格"复选框，如图 5-15 所示。通过单击"导航"窗格中的各个标题可以快速定位到文档中的相应位置，如图 5-16 所示。

图 5-15
选中"导航窗格"复选框

② 单击"导航"窗格中的"摘要"，切换到"布局"选项卡，单击"页面设置"功能组中的"分隔符"下拉按钮，在下拉列表中选择"奇数页"命令，如图 5-17 所示。在"摘要"之前出现一个空白页，用于插入论文的封面。

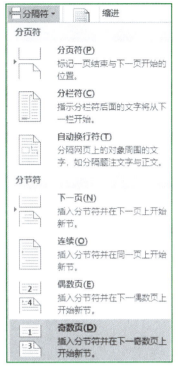

图 5-16 "导航"窗格   图 5-17 "奇数页"命令

③ 单击"导航"窗格中的"Abstract",单击"分隔符"下拉按钮,在下拉列表中选择"下一页"命令。

④ 单击"导航"窗格中的"第一章 绪论",单击"分隔符"下拉按钮,在下拉列表中选择"奇数页"命令。

⑤ 用同样的方法,在"第二章""第三章"等各个章节的开始处插入"下一页"分隔符。至此,论文分节完成,效果如图 5-18 所示。

图 5-18
文档分节后的
效果

5.2.6　生成目录

目录一般位于论文的摘要或图书的前言之后,并且单独占一页。对于定义了多级标题样式的文档,可以通过 Word 的索引和目录功能提取目录。具体操作步骤如下:

微课 5-5
生成目录

① 将插入点定位于"第一章 绪论"之前，并插入一个"奇数页"分隔符。在"第一章 绪论"与"Abstract"之间插入一个空白页。

② 在空白页的首行输入文本"目录"，此时文本保持"论文一级标题"样式。选中此文本，打开"段落"对话框，在"缩进和间距"栏中设置"大纲级别"为"正文文本"，如图 5-19 所示。

图 5-19
取消大纲级别

③ 将插入点置于标题的下一行，并应用"论文正文"样式。切换到"引用"选项卡，单击"目录"功能组中的"目录"下拉按钮，如图 5-20 所示，在下拉列表中选择"自定义目录"命令，打开"目录"对话框，如图 5-21 所示。

笔 记

图 5-20　"自定义目录"命令

图 5-21　"目录"对话框

④ 保持"目录"选项卡中的"显示页码"和"页码右对齐"复选框处于选中的状态，设置显示级别为"3"，之后单击"确定"按钮，完成目录的自动生成。

⑤ 选中目录文本内容，切换到"开始"选项卡，打开"字体"对话框，设置中文字体为"宋体"、西文字体为"Times New Roman"、字号为"小四"，打开"段落"对话框，设置"间距"为"1.25 倍行距"、对齐方式"右对齐"。目录设置完成后的效果如图 5-22 所示。

图 5-22 插入目录后的效果（部分）

5.2.7 设置页眉和页脚

（1）设置页眉

页眉是每个页面的顶部区域，常用于显示文档的附加信息如公司徽标、文档标题等内容。

按照论文页眉的格式要求，除封面不需要设置页眉外，其他部分奇数页页眉内容为当前部分标题，偶数页页眉内容为"××职业技术学院毕业设计论文"。具体操作步骤如下：

① 按 Ctrl+Home 组合键快速定位到文档开始处，双击文档顶部空白处，进入页眉的编辑状态。

② 由于第 1 页为封面页且不设置页眉，切换到"页眉和页脚工具|设计"选项卡，单击"导航"功能组中的"下一节"按钮，如图 5-23 所示，进入"摘要"页页眉的编辑状态。

③ 单击"导航"功能组中的"链接到前一条页眉"按钮，断开与封面页的联系，单击"插入"功能组中的"文档部件"下拉按钮，从下拉列表中选择"域"命令，如图 5-24 所示，打开"域"对话框。

微课 5-6 设置页眉和页脚

图 5-23 "下一节"按钮

图 5-24 "域"命令

④ 在"请选择域"栏的"域名"列表框中选择"StyleRef"选项，在"域属性"栏的"样式名"列表框中选择"论文一级标题"选项，如图 5-25 所示。单击"确定"按钮，即可完成奇数页页眉的设置。

图 5-25
"域"对话框

笔记

⑤ 单击"下一节"按钮，进入"Abstract"偶数页页眉编辑状态。在页眉中输入文本"××职业学院毕业设计论文"。

⑥ 单击"设计"选项卡中的"关闭页眉和页脚"按钮，完成对页眉的设置。

（2）页脚设置

按照论文页脚的格式要求，封面不出现页码，中文摘要与目录的页码使用希腊文，且分别单独编号；从论文正文开始，使用阿拉伯数字，且连续编号。具体操作步骤如下：

① 将插入点定位到"摘要"页中，双击页面底部空白处，进入页脚的编辑状态。

② 切换到"页眉和页脚工具|设计"选项卡，单击"页眉和页脚"功能组中的"页码"按钮，从下拉菜单中选择"设置页码格式"命令，如图 5-26 所示，打开"页码格式"对话框。

图 5-26
"设置页码格式"命令

③ 在"编号格式"下拉列表框中选择"I，II，III，…"选项，选中"起始页码"单选按钮，并将后面的微调框设置为"I"，如图 5-27 所示。单击"确定"按钮，返回页脚中。

图 5-27
"页码格式"对话框

④ 再次单击"页眉和页脚"功能组中的"页码"按钮，从弹出的下拉菜单中选择"页面底端"→"普通数字 2"命令，如图 5-28 所示，希腊文页码出现在"摘要"节中的页脚区。

图 5-28
"页面底端"级联菜单

⑤ 单击"导航"功能组中的"下一节"按钮，跳转到"目录"页的页脚区，打开"页码格式"对话框，设置"编号格式"为"I，II，III，…"选项，在"页码编号"下方选中"续前节"单选按钮。

⑥ 单击"下一节"按钮，将插入点置于"目录"页的奇数页页脚中，打开"页码格式"对话框，设置"编号格式"为"I，II，III，…"选项，在"页码编号"下方选中"续前节"单选按钮。

⑦ 单击"下一节"按钮，将插入点置于"目录"页的偶数页页脚中，打开"页码格式"对话框，设置"编号格式"为"I，II，III，…"选项，在"页码编号"下方选中"续前节"单选按钮。

⑧ 单击"下一节"按钮，将插入点置于"第一章 系统概述"奇数页的页脚区。打开"页码格式"对话框，设置"编号格式"为"1，2，3，…"选项，选中"起始页码"单选按钮，并将后面的微调框设置为"1"，然后单击"确定"按钮返回文档中，阿拉伯数字页码出现在其中。

⑨ 多次单击"下一条"按钮，后续页面的页码已自动设置完成。

⑩ 单击"设计"选项卡中的"关闭页眉和页脚"按钮，完成对页脚的设置。

⑪ 将插入点置于"目录"正文中，右击，从弹出的快捷菜单中选择"更新域"命令，如图 5-29 所示，打开"更新目录"对话框。

⑫ 选中"更新整个目录"单选按钮，如图 5-30 所示。单击"确定"按钮，完成目录的更新，如图 5-31 所示。

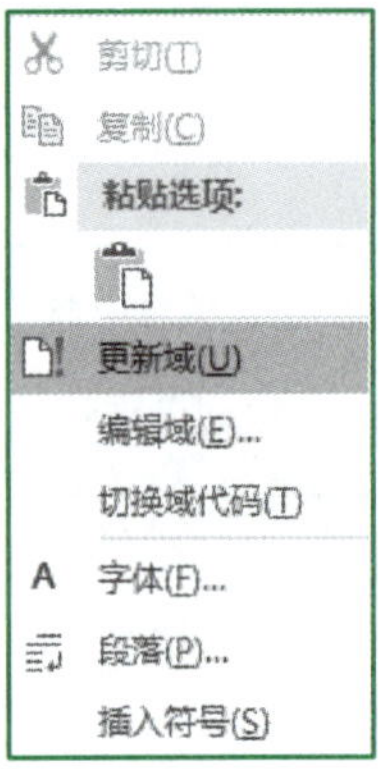

图 5-29　"更新域"命令 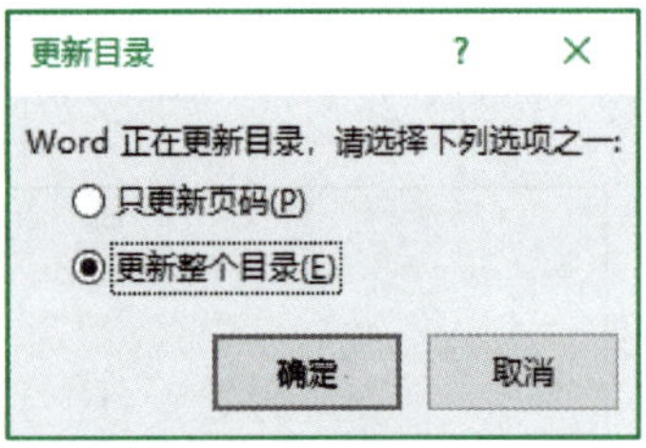　　图 5-30　"更新目录"对话框

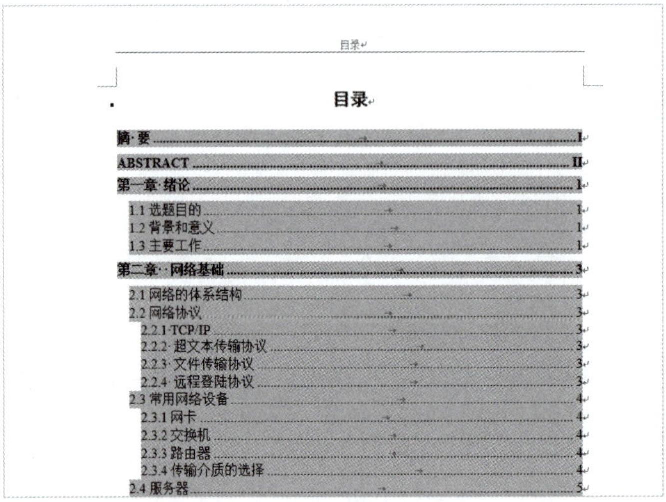

图 5-31
更新后的目录效果
（部分）

⑬ 将素材文件夹中的"封面模板.docx"内容复制到论文的封面页，以"排版后的论文.docx"命名进行保存。至此，完成毕业论文的制作。

5.3　案例小结

毕业论文是高等院校的应届毕业生为了完成学业，综合运用所学基础理论、专业知识和技能，就某一领域的某一课题的研究（或设计）成果加以系统表述的，具有一定学术价值或应用价值的议论文体。

本案例通过对毕业论文的排版，讲解了样式的创建和应用、图表的编辑、分节符的使用、文档结构图的使用方法、页眉页脚的设置、目录的生成等操作。在日常工作中经常会遇到许多长文档，如毕业论文、企业的招标书、员工手册等，有了以上的 Word 操作基础，对于此类长文档的排版和编辑就可以做到游刃有余。

5.4 经验技巧

5.4.1 在 Word 中同时编辑文档的不同部分

一篇长文档在显示器屏幕上不能同时显示出来，但有时因实际需要又要同时编辑同一文档中的相距较远的几部分，此时可以利用窗口拆分功能实现。具体操作方法如下：

切换到"视图"选项卡，单击"窗口"功能组中的"拆分"按钮，此时在文档中出现一条分隔线，将窗口分成两部分，即可上、下窗口对应查看相应的内容。

此外，通过单击"窗口"功能组中的"新建窗口"按钮，可在屏幕上产生一个新窗口，显示的也是这篇文档，也可以通过窗口切换和窗口滚动操作，使不同的窗口显示同一文档的不同位置中的内容，以便阅读和编辑修改。

5.4.2 长文档修订

在批改文档时，为了方便原作者识别、辨认哪些是修改部分，除了使用批注功能外，还可以使用修订功能。修订功能可以直接在文档中反映修改情况，并且让他人可选择接受/拒绝修订；当多人参与一个文档编辑修改时，可以通过颜色区分哪些地方被修改了。具体操作步骤如下：

① 打开需要修订的文档，切换到"审阅"选项卡，单击"修订"功能组中的"修订"下拉按钮，从下拉列表中选择"修订"命令，如图 5-32 所示，文档进入修订状态。

② 对文档的修订主要有删除内容和增添内容两种。

进行删除修订时，首先选中文档需要删除的部分，按 Delete 键删除即可，如删除后需要增加新的内容，可在选中的状态下直接输入。

进行增添修订时，将插入点定位到文档需要增加内容的位置，之后直接输入即可。

③ 接收到被修订过的文档后，如接受修订内容，可单击"更改"功能组中的"接受"下拉按钮，从下拉列表中选择"接受此修订"命令，如图 5-33 所示。如文档中有多处修订，且接受全部修订时，可选择"接受所有修订"命令。接受修订之后的文本即可变成正常文本。

图 5-32 "修订"命令

图 5-33 选择"接受此修订"命令

④ 如果选择拒绝修订，文档会还原到之前的状态。

5.5 拓展练习

对素材文件夹中的"绿城国际员工手册.docx"文档进行排版，效果如图 5-34 所示。要求如下：

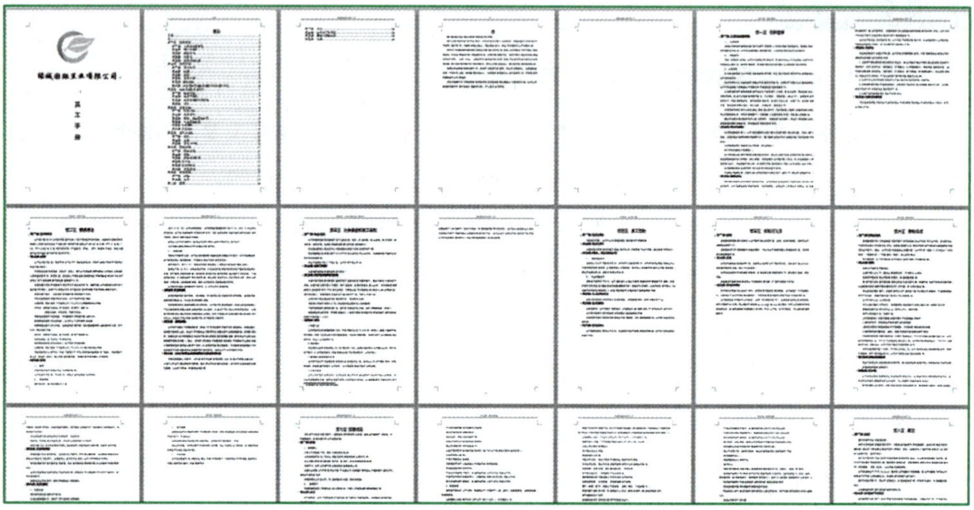

图 5-34 管理投标书排版后效果图

① 员工手册必须包括封面、目录、正文等部分，各部分的标题均采用正文中一级标题的样式。利用素材文件夹中的图片，为员工手册制作封面，效果如图 5-35 所示。

笔 记

② 员工手册中的正文：中文字体为"宋体"，西文字体为"Times New Roman"，字号均为"五号"，首行缩进两个字符，1.25 倍行距。

③ 目录：自动生成，字号为"小四"，对齐方式为"右对齐"。

④ 员工手册中的各级标题如下。

一级标题：字体为"微软雅黑"，字号为"三号"，加粗，对齐方式为"居中"，段前、段后间距为 0 行，1.5 倍行距。

二级标题：字体为"宋体"，字号为"小四"，加粗，对齐方式为"靠左"，段前、段后间距为 0 行，1.25 倍行距。

⑤ 页面设置：采用 A4 大小的纸张，上、下页边距均为 2.54 cm，左、右页边距分别为 3.17 cm 和 2.54 cm，装订线 0.5 cm，页眉、页脚距边界 1 cm。

⑥ 页眉：中文字体为"宋体"，西文字体为"Times New Roman"，字号为"五号"，居中对齐。除封面外，其他部分奇数页的页眉中书写章题目，偶数页写"绿城国际员工手册"字样。

⑦ 页脚：中文为"宋体"，西文字体为"Times New Roman"，字号为"五号"，居中对齐，页脚中显示当前页的页码。其中，目录的页码使用希腊文，单独编号；从正文开始，使用阿拉伯数字，且连续编号。

绿城国际置业有限公司

员
工
手
册

图 5-35
员工手册封面效果图

案例 6　制作扶贫销售业绩表

6.1　案例简介

6.1.1　案例需求与展示

PPT:案例6 制作扶贫销售业绩表

盐源电子商务有限公司是扶贫网上的一个供应商，为了统计公司员工扶贫产品销售情况，现需要制作一个扶贫产品销售业绩表。公司销售部秘书李丽依据员工的原始销售数据，用 Excel 2016 很快完成了此项工作，效果如图 6-1 所示。

微课 6-1
案例简介

图 6-1
"扶贫销售业绩表"效果图

6.1.2　知识技能目标

本案例涉及的知识点主要有数据录入、表格格式化、条件格式设置、样式应用、工作表重命名。

知识技能目标：

- 掌握 Excel 中不同数据的录入。
- 掌握表格样式的应用。

73

- 掌握表格中条件格式的设置。
- 掌握表格的美化。
- 掌握工作表的重命名和工作表标签的设置。

6.2　案例实现

微课6-2
数据录入

6.2.1　数据录入

Excel 遵循先选中后操作的原则。工作簿建立后，首先要做的就是选定单元格或单元格区域，然后向其中输入数据。具体操作步骤如下：

① 启动 Excel 2016，创建一个新的工作簿，并将其保存为"扶贫销售业绩表.xlsx"。

② 选中 Sheet1 工作表的 A1 单元格，输入工作表的标题"2021年扶贫销售业绩表"。

③ 按 Enter 键将光标移至 A2 单元格中，在单元格区域 A2:H2 输入表格的列标题文字。用同样的方法输入表格中的"姓名""销售地区"以及"品名"列下的文字，如图 6-2 所示。

	A	B	C	D	E	F	G	H	I
1	2021年扶贫销售业绩表								
2	序号	姓名	工号	销售地区	商品名称	金额	日期	销售方式	
3		王东		上海	羊肚菌				
4		马静		广州	山核桃				
5		崔鸣		北京	高山木耳				
6		娄平		北京	干核桃				
7		潘涛		南京	干香菇				
8		邹燕		杭州	核桃油				
9		孙斌		广州	红花椒				
10		赵彬		南京	盐源县红富士				
11		邱丽		北京	虫草花				
12		王富		上海	盐源土鸡蛋				
13									
14									

图 6-2
输入文本数据后
的效果

④ 选中 C3 单元格，在其中输入"'001"（注意：单引号是英文状态下的），此时 C3 单元格的左上角出现一个绿色的三角号，表示此数据为文本型数据。鼠标移至 C3 单元格的右下角，当鼠标指针变成黑色十字形时，按住鼠标左键向下拖动至 C12 单元格，松开鼠标左键，在"自动填充选项"中选择"填充序列"命令，如图 6-3 所示。

图 6-3
"填充序列"命令

⑤ 选中 A3 单元格，输入"1"，之后利用填充句柄"填充序列"的方法，向下填充其他序号。

⑥ 选择"金额"列下的单元格区域 F3:F12，切换到"开始"选项卡，单击"数字"功能组右下角的对话框启动器按钮，打开"设置单元格格式"对话框，在"数字"选项卡的"分类"列表中选择"货币"，采用默认的货币符号和小数位数，如图 6-4 所示。单击"确定"按钮，完成所选区域的格式设置。

图 6-4
"设置单元格格式"
对话框

⑦ 设置完成后，输入金额数据。

⑧ 选择单元格区域 G3:G12，打开"设置单元格格式"对话框，在"分类"列表中选择"日期"选项，设置日期类型如图 6-5 所示。设置完成后，输入日期数据。

笔 记

图 6-5
设置日期类型数据

⑨ 选择"销售方式"列下的单元格区域 H3:H12，切换到"数据"选项卡，单击"数据工具"功能组中的"数据验证"按钮，在下拉列表中选择"数据验证"命令，如图 6-6 所示，打开"数据验证"对话框。

图 6-6
"数据验证"命令

⑩ 切换到"设置"选项卡，单击"允许"下方的下拉按钮，在下拉列表中选择"序列"选项，在"来源"文本框中输入"线上,线下"（注意：线上与线下中的逗号是英文状态下的），如图 6-7 所示。

图 6-7
"数据验证"对话框

⑪ 设置完成后，用选择的方式输入单元格区域 H3:H12 中的各数据。至此，表格数据输入完成。

微课 6-3
表格美化

6.2.2 表格美化

表格内容输入完成之后，需要对表格的内容进行字体、对齐方式、边框和底纹等设置，以美化表格。具体操作步骤如下：

① 选择单元格区域 A1:H1，切换到"开始"选项卡，单击"对齐方式"功能组中的"合并后居中"按钮，如图 6-8 所示，使标题行居中显示。

图 6-8
"合并后居中"按钮

② 使标题行处于选中状态，在"字体"功能组中设置字体为"微软雅黑"、字号为"20"、加粗，如图 6-9 所示，完成标题行设置。

图 6-9
设置标题
行文本的
字体、字
号、加粗

③ 选择单元格区域 A2:H12，在"字体"功能组中设置文本字体为"仿宋"，字号为"12"。之后单击"边框"按钮右侧的箭头按钮，从下列菜单中选择"所有框线"命令，如图 6-10 所示，为表格添加边框。

图 6-10
设置表格边框

④ 使单元格区域 A2:H12 处于选中的状态，单击"对齐方式"功能组中的"居中"和"垂直居中"按钮，如图 6-11 所示，完成表格区域内容的对齐方式设置。

图 6-11
设置单元格
居中对齐

⑤ 选择单元格区域 A2:H2，在"字体"功能组中单击"填充颜色"按钮右侧的箭头按钮，在下拉列表中选择"标准色-橙色"，如图 6-12 所示，完成标题列底纹的设置。

图 6-12
设置底纹

⑥ 选择单元格区域 A2:H12，在"样式"功能组中单击"套用表格格式"按钮，在下拉列表中选择"表样式中等深浅 9"，如图 6-13 所示。保持打开的"套用表格式"对话框默认设置不变，如图 6-14 所示，单击"确定"按钮，完成所选区域表格样式的套用。

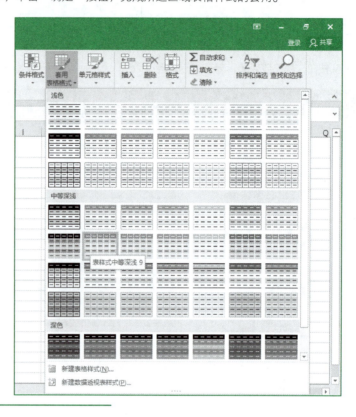

图 6-13
"套用表格样式"
下拉列表

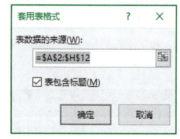

图 6-14
"套用表格式"
对话框

⑦ 使单元格区域 A2:H12 处于选中的状态，切换到"表格工具|设计"选项卡，取消选中"表格样式选项"功能组中"筛选按钮"复选框，如图 6-15 所示。

图 6-15
取消选中"筛选按钮"
复选框

6.2.3 设置行高和列宽

默认情况下，表格的行高和列宽是固定的，但是单元格的内容过长时就需要调整表格的行高和列宽。具体操作步骤如下：

① 单击行标签"1"，选中第 1 行。切换到"开始"选项卡，单击"单元格"功能组中的"格式"按钮，在弹出的下拉菜单中选择"行高"命令，如图 6-16 所示，打开"行高"对话框。

② 在"行高"文本框中输入"40"，如图 6-17 所示。单击"确定"按钮，完成第 1 行行高的设置。

笔 记

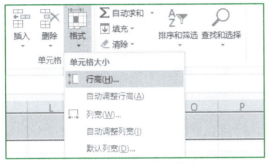

图 6-16 选择"行高"命令

图 6-17 "行高"对话框

③ 选中 2:12 行，用同样的方法设置其行高为"25"。

④ 选择 A、B、C 列，在"单元格"功能组中单击"格式"按钮，在弹出的下拉菜单中选择"列宽"命令，如图 6-18 所示。打开"列宽"对话框，设置"列宽"的值为"9"，如图 6-19 所示。

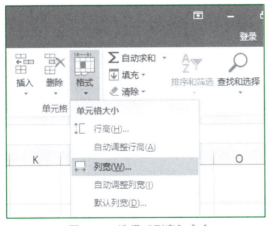

图 6-18 选择"列宽"命令

图 6-19 "列宽"对话框

⑤ 用同样的方法，设置 D、E、H 列的列宽为"12"，设置 F、G 列的列宽为"自动调整列宽"。

⑥ 选中表格所有内容，单击"对齐方式"功能组中的"垂直居中"按钮，调整表格内容的对齐方式。

至此，表格的行高和列宽设置完成。

6.2.4 设置条件格式

对于"金额"列中数值超过 10 万元的商品，为说明其销售量较好，将其突出显示以方便查看，可以利用 Excel 中的条件格式进行设置。具体操作步骤如下：

① 选择单元格区域 F3:F12。

② 切换到"开始"选项卡，单击"样式"功能组中的"条件格式"按钮，在下拉列表中选择"新建规则"命令，如图 6-20 所示，打开"新建格式规则"对话框。

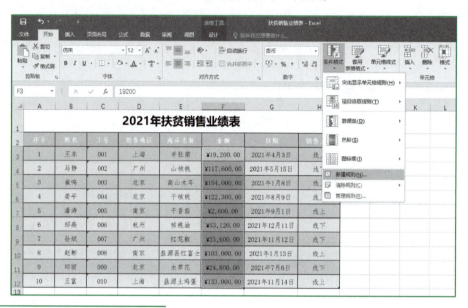

图 6-20
"新建规则"
命令

③ 选中"选择规则类型"列表框中的"只为包含以下内容的单元格设置格式"选项，在"编辑规则说明"组中设置条件下拉列表为"大于"，并在后面的数据框中输入"100000"，如图 6-21 所示。接着单击"格式"按钮，打开"设置单元格格式"对话框。

图 6-21 "新建格式
规则"对话框

④ 在"字体"选项卡中，选择"字形"组合框中的"加粗"选项，单击"颜色"下拉按钮，从下拉列表中选择"标准色"组中的"红色"选项，如图 6-22 所示。单击"确定"按钮，返回"新建格式规则"对话框。

图 6-22
"设置单元格格式"对话框

⑤ 单击"确定"按钮，关闭"新建格式规则"对话框，完成所选区域条件格式的设置。

注意：若"金额"列数据在设置条件格式后显示为"＃＃＃"，这是由于列宽不够造成的，可将鼠标移动到 F 列标签的边框上，双击鼠标左键即可自动调整此列的列宽以完全显示表格数据。

✎ 笔 记

6.2.5 重命名工作表

新建工作簿中默认工作表的名称为 Sheet1，为了对工作表加以区分、便于记忆和查找数据，可以给工作表起一个更有意义的名字。具体操作步骤如下：

① 右击工作表标签"Sheet1"，在弹出的快捷菜单中选择"重命名"命令，如图 6-23 所示。

图 6-23
"重命名"命令

② 此时的工作表名称将突出显示，直接输入"2021 年扶贫销售汇总"字样，按 Enter 键即可完成工作表的重命名。

③ 右击"2021 年扶贫销售汇总"工作表标签，在弹出的快捷菜单中选择"工作表标签颜色"

命令，在其子菜单中选择"标准色"组中的"蓝色"，如图 6-24 所示，为工作表标签设置颜色。

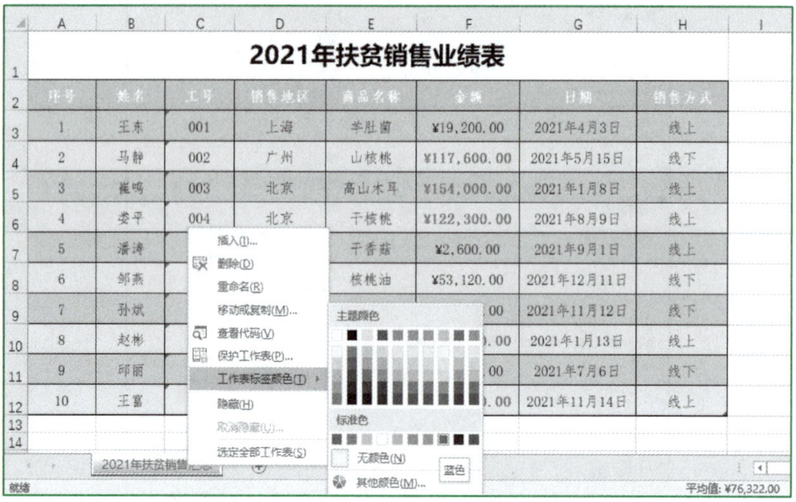

图 6-24
"工作表标签
颜色"命令

④ 单击"保存"按钮保存工作簿文件，完成案例的制作。

6.3　案例小结

笔记

党的十八大以来，党中央把脱贫攻坚摆在治国理政的突出位置，把脱贫攻坚作为全面建成小康社会的底线任务，组织开展了声势浩大的脱贫攻坚人民战争。党和人民披荆斩棘、栉风沐雨，发扬钉钉子精神，敢于啃硬骨头，攻克了一个又一个贫中之贫、坚中之坚，脱贫攻坚取得了重大历史性成就。

本案例通过制作扶贫产品销售业绩表，讲解了 Excel 2016 中数据的录入、表格格式化、条件格式设置、样式应用、工作表重命名、工作表标签颜色设置等操作。在实际操作中，还需要注意以下问题：

1）Excel 是一款电子表格软件，但是它的功能不仅仅是制作表格这样简单。应该把 Excel 理解为一款个人计算机处理数据的软件，不仅可以制表、处理数据，还可以分析、展示数据。因此，在利用 Excel 制作表格时，不仅要考虑制表的要求，更要考虑后续数据汇总分析的要求，在实际工作中应规范好数据源，尽量将数据整合在某个工作表的一个区域中。

2）单元格中可以存放各种类型的数据，Excel 2016 中常见的数据类型有以下几种。

① 常规格式：不包含特定格式的数据格式，也是 Excel 中默认的数据格式。

② 数值格式：主要用于设置小数点位数，还可以使用千位分隔符，默认对齐方式为右对齐。

③ 货币格式：主要用于设置货币的形式，包括货币类型和小数位数。

④ 会计专用格式：主要用于设置货币的形式，包括货币类型和小数位数。与货币格式的区别是，货币格式用于表示一般货币数据，会计专用格式可以对一列数值进行小数点对齐。

⑤ 日期和时间格式：用于设置日期和时间的格式，可以用其他的日期和时间格式来显示数字。

⑥ 百分比格式：将单元格中的数字转换为百分比格式，会自动在转换后的数字后加"%"。

⑦ 分数格式：使用此格式将以实际分数的形式显示或输入数字。例如，在没有设置分数格式的单元格中输入"3/4"，单元格中将显示为"3 月 4 日"。要将它显示为分数，可以先应用分数格式，再输入相应的数值。

⑧ 文本格式：文本格式包含字母、数字和符号等，在文本格式的单元格中，数字作为文本处理，单元格中显示的内容与输入的内容完全一致。

⑨ 自定义格式：当基本格式不能满足用户要求时，可以设置自定义格式。例如，案例中的员工编号设置了自定义格式后，既可以简化输入的过程，又能保证位数的一致。

3）单元格、工作表与工作簿的定义及区别如下：

单元格是 Excel 中最小的单位，是指工作表中的每一个方格。每一个单元格都是由行号（1、2、3…）和列标（A、B、C…）唯一确定的，用户可在其中输入文本、数字、公式等内容。Excel 中大部分的操作都是对于单元格而言的，正在编辑的单元格称为活动单元格。

工作表是 Excel 中的主要操作对象，由单元格组成。用户在工作表中进行数据处理、图表绘制等操作。默认情况下，新建的 Excel 空白工作簿只包含一个空白工作表，用户可以手动创建更多的工作表。正在操作中的工作表称为活动工作表。

工作簿是 Excel 计算和存储数据的文件，由多个工作表组成。每一个打开的 Excel 文件就是一个工作簿。

4）除了设置单元格格式以外，用户可以将自己喜欢的图片设置为工作表的背景。

具体操作步骤如下：

① 切换到"页面布局"选项卡，在"页面设置"功能组中单击"背景"按钮，如图 6-25 所示，打开"工作表背景"对话框。

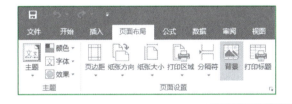

图 6-25
"背景"按钮

② 选择素材文件夹中的"背景图片.jpg"文件，如图 6-26 所示。

图 6-26
"工作表背景"对话框

83

③ 单击"插入"按钮，即可将所选图片设置为工作表背景，如图 6-27 所示。

图 6-27
设置背景
后的效果

笔记

6.4 经验技巧

6.4.1 在 Excel 中输入千分号（‰）

千分号（‰）是在表示银行的存、贷款利率或财务报表的各种财务指标时经常用到的符号。在单元格的格式设置中并没有这个符号，可以通过插入特殊符号实现。具体操作步骤如下：

① 将光标定位到需要插入千分号（‰）的位置。

② 切换到"插入"选项卡，单击"符号"功能组中的"符号"按钮，打开"符号"对话框，在"字体"下拉列表框中选择"普通文本"选项，在"子集"下拉列表框中选择"广义标点"选项，如图 6-28 所示。在显示的列表框中找到"‰"，单击"确定"按钮，即可完成千分号的插入。在此需要注意的是，插入的千分号只用于显示，不可用于计算。

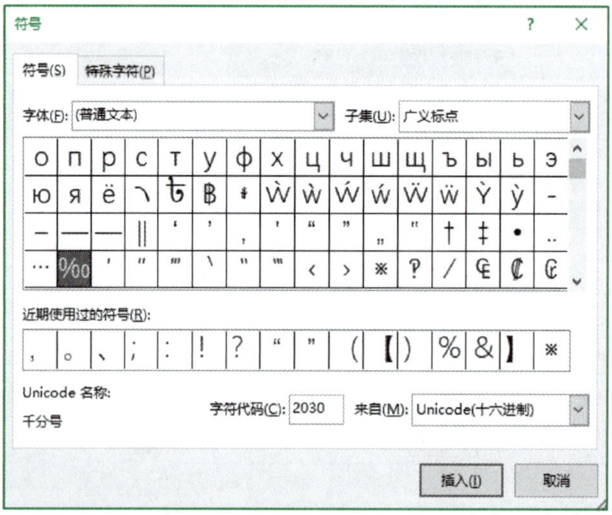

图 6-28
"符号"对话框

6.4.2 快速输入销售方式

对于"销售方式"列，如果用"0"或"1"来代替汉字"线上"或"线下"，可使输入的速度大大加快。利用在格式代码中使用条件判断的方法，可实现根据单元格的内容显示不同的销售方式。具体操作步骤如下：

① 选择单元格区域 H3:H12，打开"设置单元格格式"对话框，选择"数字"选项卡，在"分类"列表框中选择"自定义"选项，在"类型"下方的文本框中输入如图 6-29 所示的格式代码。

图 6-29
自定义格式代码

② 单击"确定"按钮，返回工作表，在所选单元格区域中输入"0"或"1"，即可实现销售方式的快速输入。注意代码中的符号均为英文状态下的符号。

在 Excel 中，对单元格设置格式代码需要注意以下几点：

● 自定义格式中最多只有 3 个数字字段，且只能在前两个数字字段中包括两个条件测试，满足某个测试条件的数字使用相应段中指定的格式，其余数字使用第 3 段格式。

● 条件要放到方括号中，必须进行简单比较。

● 创建条件格式可以使用 6 种逻辑符号来设计一个条件格式，分别是大于(＞)、大于等于(＞=)、小于(＜)、小于等于(＜=)、等于(=)、不等于(＜＞)。

● 代码"[=0]"线上";[=1]"线下""表示若单元格的值为 1，则显示"线上"；若单元格的值为 0，则显示"线下"。

6.5 拓展练习

对素材文件夹中的"销售业绩表"进行美化（效果如图 6-30 所示），具体要求如下：

① 新建工作簿文件"销售业绩表.xlsx",将工作表 Sheet1 重命名为"美化销售业绩表"。

② 根据效果图,输入表格相关数据后,对标题行文本进行合并居中,设置文本字体为"华文行楷"、字号为"22"、颜色为"蓝色";表格中文本字体为"隶书"、字号为"14",对齐方式为"居中";调整表格的行高为"25"。

③ 套用表格样式为"浅蓝,表样式浅色 16",取消"筛选"按钮。

④ 利用条件格式,为"金额"在 150000 以上的行添加"深红色"底纹。

⑤ 利用艺术字设置"永明电器"文本水印效果。

⑥ 利用条件格式中的"红色数据条",显示"金额"列数据。

⑦ 调整纸张方向为横向,调整表格水平居中对齐,并为表格添加如图 6-30 所示的页眉和页脚。

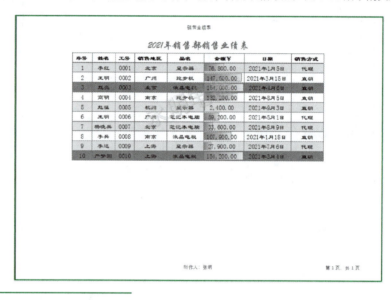

图 6-30
美化销售业绩表
效果图

案例 7 制作差旅费报销统计表

PPT:案例7
制作差旅
费报销统
计表

PPT

7.1 案例简介

7.1.1 案例需求与展示

王天宇是东方置业有限公司的一名财务部助理。公司为了加强内部管理、减少费用开支，需要小王根据 2021 年度差旅费报销原始数据，完成以下工作：

① 完善"费用报销管理"工作表的相关数据，效果如图 7-1 所示。

微课 7-1
案例简介

图 7-1
费用报销管理
工作表效果图

② 完成"差旅成本分析报告"工作表中的数据统计，效果如图 7-2 所示。

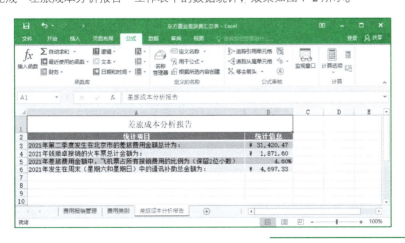

图 7-2
差旅成本分析
报告工作表效果图

7.1.2　知识技能目标

本案例涉及的知识点主要有公式的使用、单元格的相对引用和绝对引用、常见函数的使用、函数的嵌套、使用名称等。

知识技能目标：

- 掌握 Excel 中公式的输入与编辑。
- 掌握单元格的相对引用与绝对引用。
- 掌握名称的定义与使用。
- 掌握 IF、WEEKDAY、VLOOKUP、LEFT、SUMIFS 等常见函数。

7.2　案例实现

7.2.1　使用 LEFT 函数计算出差地区

微课 7-2
使用 LEFT
函数

打开素材文件夹中的工作簿文件"东方置业差旅费汇总表.xlsx"，切换到"费用报销管理"工作表。表格中的"地区"列目前为空，其数据应为"活动地点"列数据所对应的省份或直辖市，此时可利用 LEFT 函数实现。

LEFT 函数功能：从一个文本字符串的第 1 个字符开始返回指定个数的字符。

语法格式：LEFT(Text, Num_chars)

参数说明：Text 为必要参数，表示对应字符串表达式中最左边的那些字符将被返回；Num_chars 为必要参数，指出将返回多少个字符。

本案例中，利用 LEFT 函数统计"地区"列数据。具体操作步骤如下：

① 切换到"费用报销管理"工作表。

② 选中单元格 D3。切换到"公式"选项卡，单击"函数库"功能组中的"插入函数"按钮，如图 7-3 所示，打开"插入函数"对话框。

图 7-3 "插入函数"按钮

③ 单击"或选择类别"右侧的下拉按钮，从下拉列表中选择"文本"选项，从"选择函数"列表框中选择"LEFT"选项，如图 7-4 所示。单击"确定"按钮，打开"函数参数"对话框。

④ 将光标定位于"Text"参数后的文本框中，选择单元格 C3，在"Num_chars"参数后的文本框中输入"3"，如图 7-5 所示。单击"确定"按钮，即可在单元格 D3 中计算出当前活动地点所属地区。

图 7-4
"插入函数"对话框

图 7-5
"函数参数"对话框

⑤ 将鼠标移至单元格 D3 的右下角，当鼠标指针变成黑色十字形（填充句柄）时，双击鼠标，利用填充句柄计算其他单元格"地区"的数据。

7.2.2　利用 IF、WEEKDAY 函数统计加班情况

本案例中，如果"日期"列中的日期为星期六或星期日，则在"是否加班"列的单元格中显示"是"，否则显示"否"。可利用 IF 函数中嵌套 WEEKDAY 函数实现。

微课 7-3
使用 IF
函数

IF 函数功能：如果指定条件的计算结果为 TRUE，IF 函数将返回某个值；如果该条件的计算结果为 FALSE，则返回另一个值。

语法格式：IF(Logical_test,Value_if_true,Value_if_false)

参数说明：Logical_test 表示计算结果为 TRUE 或 FALSE 的任意值或表达式；Value_if_true 表示 logical_test 为 TRUE 时返回的值；Value_if_false 表示 logical_test 为 FALSE 时返回的值。

WEEKDAY 函数功能：返回代表一周中第几天的数值，是一个 1～7（或 0～6）之间的整数。

语法格式：WEEKDAY(Serial_number, Return_type)

参数说明：Serial_number 是要返回日期数的日期；Return_type 为确定返回值类型的数字，数

字为 1 或省略则表示用 1～7 代表星期天到星期六，数字为 2 则表示用 1～7 代表星期一到星期天，数字为 3 则表示用 0～6 代表星期一到星期日。

本案例中，可以通过 WEEKDAY 函数将出差日期返回一个值，然后通过 IF 函数进行判断，如果返回值为 6 或 7 说明出差日期为周六或周日，此时表示加班。由于函数需要嵌套使用，只能通过公式输入的方法实现。具体操作步骤如下：

① 选中单元格 H3，并在其中输入公式"=IF(WEEKDAY(A3,2)>5,"是","否")"，按 Enter 键即可完成数据的计算。

② 利用填充句柄计算出其他日期是否为加班。

7.2.3　利用 VLOOKUP 函数统计费用类别

微课 7-4
使用
VLOOK-
UP 函数

"费用类别"列中的数据需要根据"费用类别编号"列的数据结合"费用类别"工作表计算得到，此操作需要用到 Excel 中的 VLOOKUP（垂直查询）函数。

VLOOKUP 函数功能：进行列查找，并返回当前行中指定的列的数值。

语法格式：VLOOKUP（Lookup_value,Table_array,Col_index_num,Range_lookup）

参数说明如下。

Lookup_value：需要在表格数组第 1 列中查找的数值，可以为数值或引用，若 Lookup_value 小于 Table_array 第 1 列中的最小值，函数返回错误值"#N/A"。

Table_array：指定的查找范围。使用对区域或区域名称的引用，Table_array 第 1 列中的值是由 Lookup_value 搜索到的值，这些值可以是文本、数字或逻辑值。

Col_index_num：Table_array 中待返回的匹配值的列序号。Col_index_num 为 1 时，返回 Table_array 第 1 列中的数值；Col_index_num 为 2 时，返回 Table_array 第 2 列中的数值，以此类推。如果 Col_index_num 小于 1，函数返回错误值"#VALUE!"；大于 Table_array 的列数时，函数返回错误值"#REF!"。

Range_lookup：逻辑值，指定希望 VLOOKUP 函数查找精确的匹配值还是近似匹配值。如果参数值为 TRUE（或为 1，或省略），则只寻找精确匹配值。也就是说，如果找不到精确匹配值，则返回小于 Lookup_value 的最大数值。Table_array 第 1 列中的值必须以升序排序，否则，函数可能无法返回正确的值。如果参数值为 FALSE（或为 0），则返回精确匹配值或近似匹配值。在此情况下，Table_array 第 1 列的值不需要排序。如果 Table_array 第 1 列中有两个或多个值与 Lookup_value 匹配，则使用第 1 个找到的值。如果找不到精确匹配值，则返回错误值"#N/A"。

本案例中 VLOOKUP 函数使用的具体操作如下：

① 选择单元格 F3，切换到"公式"选项卡，单击"函数库"功能组中的"插入函数"按钮，打开"插入函数"对话框。

② 在"搜索函数"下方的文本框中输入"vlookup"，单击"转到"按钮，即可在"选择函数"的列表框中显示相关函数，如图 7-6 所示。选择"VLOOKUP"选项，单击"确定"按钮，打开"函数参数"对话框。

笔 记

图 7-6
搜索 VLOOKUP 函数

③ 将光标置于 Lookup_value 后的文本框中，之后用鼠标单击 E3 单元格，此时 E3 单元格的名称显示在了 Lookup_value 后的文本框中；将光标置于 Table_array 后的文本框，用鼠标单击"费用类别"工作表标签，并选中表格中的单元格区域 A3:B12，按 F4 键，使单元格区域为绝对引用；设置 Col_index_num 后文本框中值为"2"；设置 Range_lookup 后文本框中值为"FALSE"，如图 7-7 所示。

图 7-7
设置 VLOOKUP
函数参数

④ 单击"确定"按钮，完成费用类别编号为"BIC-001"的费用类别计算。

⑤ 利用填充句柄计算出所有费用类别，如图 7-1 所示。

7.2.4 定义名称

Excel 给每个单元格都有一个默认的名字，其命名规则是列标加行号，如 D3 表示第 4 列、第 3 行的单元格，但是有时候为了使用公式的方便，可以将某单元格重新命名。在实际的工作中，可用 Excel 名称对单元格或单元格区域进行命名。

名称的命名规则如下：

微课 7-5
定义名称

笔 记

- 可以使用任何字符和数字的组合，但是名称的首字符必须是字母或下画线。
- 名称不能包含任何空格，可以使用下画线或点号代替空格。
- 名称不能与单元格地址相同，如 A1、B2 等，也不以使用单独字母 C 和 R 作为名称，因为在 R1、C1 引用样式中，单独使用 C 表示当前列，字母 R 表示当前行。
- 名称不区分大小写。
- 名称长度限制在 255 个字符以内。

本案例中，在统计差旅成本之前，"费用报销管理"工作表中的日期、报销人、地区、费用类别、差旅费用金额列的内容将在公式中用到，由于表格数据较多，为了避免单元格区域引用时出现错误，可以定义名称，使操作更为简便。下面以定义"差旅费用金额"名称为例，具体操作步骤如下：

① 切换到"费用报销管理"工作表，选择单元格区域 G3:G401。

② 切换到"公式"选项卡，单击"定义的名称"功能组中的"定义名称"下拉按钮，从下拉列表中选择"定义名称"命令，如图 7-8 所示。打开"新建名称"对话框。

图 7-8
"定义名称"
命令

③ 保持对话框中各默认项不变，如图 7-9 所示。单击"确定"按钮，即可完成名称的创建。

图 7-9
"新建名称"对话框

④ 使用同样的方法，选择表格"日期""报销人""地区"以及"费用类别"列的数据，创建相应的名称。

⑤ 单击"定义的名称"功能组中的"名称管理器"按钮，打开"名称管理器"对话框，即可看到创建的所有名称，如图 7-10 所示。

图 7-10
"名称管理器"对话框

• 7.2.5 利用 SUMIFS 函数统计差旅成本

本案例中的"差旅成本分析报告"工作表中的数据多为条件求和，可以利用 SUMIFS 函数实现。

SUMIFS 函数功能：统计指定区域满足单个或多个条件的和。

语法格式：SUMIFS(Sum_range, Criteria_range1, Criteria1, [Criteria_range2, Criteria2], ...)

参数说明：Sum_range 为指进行求和的单元格或单元格区域；Criteria_range1 为条件区域，通常是指与求和单元格或单元格式处于同一行的条件区域，在求和时，该区域将参与条件的判断；Criteria1 通常是参与判断的具体一个值，来自于条件区域。

微课 7-6
使用
SUMIFS
函数

（1）统计 2021 年第二季度发生在北京市的差旅费总额

此项的求和有两个条件：一个是出差日期为"第二季度"，即日期为 2021 年 4 月 1 日—2021 年 6 月 30 日；另一个是出差地区为"北京市"。根据分析，具体操作步骤如下：

① 切换到"差旅成本分析报告"工作表，选择单元格 B3。

② 打开"插入函数"对话框，搜索"SUMIFS"函数，之后打开此函数参数对话框。

③ 将插入点定位于"Sum_range"后的文本框中，输入已定义的名称"差旅费用金额"，之后在"Criteria_range1"后的文本框中输入已定义的名称"日期"，在"Criteria1"后的文本框中输入">=2021-4-1"；在"Criteria_range2"后的文本框中输入已定义的名称"日期"，在"Criteria2"后的文本框中输入"<=2021-6-30"；在"Criteria_range3"后的文本框中输入已定义的名称"地区"，在"Criteria3"后的文本框中输入"北京市"，如图 7-11 所示。

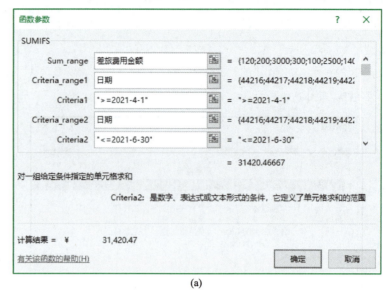

(a)

图 7-11
SUMIFS "函数
参数" 对话框 1

(b)

④ 设置完成后，单击"确定"按钮，即可计算出 2021 年第二季度发生在北京市的差旅费总额。

（2）统计 2021 年钱顺卓报销的火车票总额

此项求和的条件有两个：一为报销人为"钱顺卓"；二为费用类别为"火车票"。根据分析，具体操作步骤如下：

① 选择单元格 B4。

② 打开"插入函数"对话框，找到"SUMIFS"函数，打开此函数参数对话框。

③ 将插入点定位于"Sum_range"后的文本框中，输入已定义的名称"差旅费用金额"，之后在"Criteria_range1"后的文本框中输入已定义的名称"报销人"，在"Criteria1"后的文本框中输入""钱顺卓""；在"Criteria_range2"后的文本框中输入已定义的名称"费用类别"，在"Criteria2"后的文本框中输入""火车票""，如图 7-12 所示。

图 7-12
SUMIFS "函数参
数" 对话框 2

④ 设置完成后，单击"确定"按钮，即可计算出 2021 年钱顺卓报销的火车票总额。

（3）2021 年差旅费用金额中，飞机票占所有报销费用的比例

由于要计算飞机票所占报销费用的比例，此项需要函数结合公式来实现。先利用 SUMIFS 函数计算飞机票的报销金额，再利用 SUM 函数计算差旅费总额，对二者进行除法即可。根据分析，具体操作步骤如下：

选择单元格 B5，在其中输入公式 "=SUMIFS(差旅费用金额,费用类别,"飞机票")/SUM(差旅费用金额)"，按 Enter 键，完成公式输入。

（4）2021 年发生在周末中的通讯补助总金额

此项求和的条件有两个：一为出差日期为周末，可通过"是否加班"列得到；二为费用类别为"通讯补助"。根据分析，具体操作步骤如下：

① 选择单元格 B6。

② 打开"插入函数"对话框，找到"SUMIFS"函数，打开此函数参数对话框。

③ 将插入点定位于"Sum_range"后的文本框中，输入已定义的名称"差旅费用金额"，之后将插入点定位于"Criteria_range1"后的文本框中，选择"费用报销管理"工作表标签，并选择单元格区域 H3:H401，在"Criteria1"后的文本框中输入""是""；在"Criteria_range2"后的文本框中输入已定义的名称"费用类别"，在"Criteria2"后的文本框中输入""通讯补助""，如图 7-13 所示。

④ 设置完成后，单击"确定"按钮，即可计算出 2021 年发生在周末的通讯补助总金额，如图 7-2 所示。

⑤ 单击"保存"按钮保存工作簿文件，完成案例制作。

笔 记

图 7-13
SUMIFS "函数
参数" 对话框 3

7.3 案例小结

笔 记

　　勤俭节约是中华民族的传统美德。小到一个个人、一个家庭，大到一个民族、一个国家，想要做到可持续发展，都离不开"勤俭节约"这 4 个字。

　　本案例通过差旅成本数据分析，讲解了 Excel 中公式与函数的使用、常用函数参数设置等操作。在实际操作中，还需要注意以下问题：

　　1）Excel 2016 的公式中输入的英文字母不区分大小写，运算符必须是半角符号；在输入公式时，可以使用鼠标直接选中参与计算的单元格，从而提高输入公式的效率；如要删除公式中的某些项，可以在编辑栏中用鼠标选定要删除的部分，然后按 Delete 键；如果要替换公式中的某些部分，则先选定被替换的部分，然后进行修改。

　　2）Excel 根据名称的作用范围不同，可分为"工作簿级名称"和"工作表级名称"。默认情况下，用户定义的名称作用范围为"工作簿"，此时的名称可以在工作簿中的任意一张工作表中使用，这种能够作用于整个工作簿的名称被称为"工作簿级名称"或"全局名称"。如果希望定义的名称只作用于某一个工作表中，此时的名称被称为"工作表级名称"或"局部名称"。通过设置"新建名称"对话框中的"范围"，可以实现"全局名称"或"局部名称"的定义。

　　3）常见函数举例。

　　① 查找引用函数。

　　● VLOOKUP：一般格式为 VLOOKUP(要查找的值,查找区域,数值所在行,匹配方式)，功能是按列查找，最终返回该列所需查询列序所对应的值；其中，匹配方式是一个逻辑值，如果为 TRUE 或 1，函数将查找近似匹配值；如果为 FALSE 或 0，则返回精确匹配。

　　● HLOOKUP：一般格式为 HLOOKUP(要查找的值,查找区域,数值所在列,匹配方式)，功能是按行查找，最终返回该行所需查询行序所对应的值。其中，匹配方式是一个逻辑值，如果为 TRUE 或 1，函数将查找近似匹配值；如果为 FALSE 或 0，则返回精确匹配。

笔 记

② 文本函数。

- LEFT：一般格式为 LEFT(文本串,截取长度)，功能是用于从文本的开始返回指定长度的子串。
- RIGHT：一般格式为 RIGHT(文本串,截取长度)，功能是用于从文本的尾部返回指定长度的子串。
- MID：一般格式为 MID(文本串,起始位置,截取长度)，功能是用于从文本的指定位置返回指定长度的子串。
- LEN：一般格式为 LEN(文本串)，功能是用于统计字符串中的字符个数。

③ 日期与时间函数。

- TODAY：一般格式为 TODAY()，功能是显示当前的日期。该函数没有参数。
- NOW：一般格式为 NOW()，功能是返回当前的日期和时间。该函数没有参数。
- YEAR：一般格式为 YEAR(Serial_number)，功能是返回某日期对应的年份。其中，Serial_number 为一个日期值，其中包含需要查找年份的日期。
- MONTH：一般格式为 MONTH(Serial_number)，功能是返回某日期对应的月份。
- DAY：一般格式为 DAY(Serial_number)，功能是返回某日期对应当月的天数。
- WEEKDAY：一般格式为 WEEKDAY(Serial_number,Return_type)，功能是返回某日为星期几。其中，Serial_number 为必要参数，代表指定的日期或引用含有日期的单元格；Return_type 为可选参数，表示返回值类型，其值为 1 或省略时，返回数字 1（星期日）到数字 7（星期六），其值为 2 时，返回数字 1（星期一）到数字 7（星期日），其值为 3 时，返回数字 0（星期一）到数字 6（星期日）。

7.4 经验技巧

7.4.1 巧用 VLOOKUP 函数的模糊查找

学生实训的成绩为五级制，即优、良、中、及格、不及格。将百分制成绩转换成五级制时，需要利用 IF 函数嵌套实现，若利用 VLOOKUP 函数的模糊查找会更加便捷。具体操作步骤如下：

① 打开素材中的工作簿文件“学生成绩单.xlsx”。

② 选中单元格 I3，并在其中输入公式“=VLOOKUP(H3,$K$3:$L$7,2,TRUE)”。

③ 按 Enter 键，完成“李丽”同学的成绩转换。

④ 利用填充句柄复制公式，完成其他同学的成绩转换，如图 7-14 所示。

学生成绩汇总表

序号	学号	姓名	高数	英语	程序设计	毛概	实训	实训转换成绩
1	31319101	李丽	90	87	76	80	92	优
2	31319102	和芳	86	66	85	57	78	中
3	31319103	孙燕	73	50	93	79	86	良
4	31319104	胡一磊	83	80	85	91	91	优
5	31319105	赵民	45	70	77	62	67	及格
6	31319106	孙青	88	48	63	77	84	良
7	31319107	王晓	98	61	84	52	50	不及格
8	31319108	李大志	76	80	70	85	70	中
9	31319109	孔凡	89	90	96	93	90	优
10	31319110	王坚	78	94	89	90	88	良

等级	分数
0	不及格
60	及格
70	中
80	良
90	优

图 7-14 模糊查找后效果图

笔 记

使用 VLOOKUP 函数进行模糊查找时，需要注意以下事项：

● 使用模糊查找时，VLOOKUP 函数查找区域的第 1 列需要按升序排序。

● 在模糊查找时，如不能返回对于查找值的精确匹配，则返回比查找值小的最大值所在行对应的值。

● 如果查找值比查找区域第 1 列中的任何值都小，则返回错误值 "#N/A"。

● 如果查找区域的第 1 列未按升序排列，则查找返回的结果可能正确、可能错误，也可能直接返回错误值 "#N/A"。

● 模糊查找是函数中的一大难点，日常工作中使用的多是精确查找，所以一定要谨慎使用模糊查找。

7.4.2　识别函数公式中的常见错误

在 Excel 表格中输入公式或函数后，其运算结果有时会显示为错误的值，要纠正这些错误值，必须先了解出现错误的原因，才能找到解决的方法。常见的错误值有以下几种。

● ####错误：出现该错误值的常见原因是单元格列宽不够，无法完全显示单元格中的内容或单元格中包含负的日期时间值。解决方法是调整单元格列宽或应用正确的数字格式，保证日期与时间公式的准确性。

● #VALUE!错误：当使用的参数或操作数值类型错误，以及公式自动更正功能无法更正公式时都会出现该错误值。解决方法是确认公式或函数所需的运算符和参数是否正确，并查看公式引用的单元格中是否为有效数值。

● #NULL!错误：当指定了两个不相交的区域的交集，或使用了不正确的区域运算符时，将出现该错误值。解决方法是检查在引用连续单元格时，是否用英文状态下冒号分隔引用的单元格区域中的第 1 个单元格和最后一个单元格，如未分隔或引用不相交的两个区域，则一定使用联合运算符（,）将其分隔开来。

● #N/A 错误：当公式中没有可用数值，以及 HLOOPUP、LOOPUP、MATCH 或 VLOOKUP 工作表函数的 Lookup_value 参数不能赋予适当的值时，将产生该错误值。遇到此情况时可在单元格中输入"#N/A"，公式在引用这类单元格时将不进行数值计算，而是返回#N/A 或检查 Lookup_value 参数值的类型是否正确。

● #REF!错误：当单元格引用无效时会产生该错误值，出错原因是删除了其他公式所引用的单元格，或将已移动的单元格粘贴到其他公式所引用的单元格中。解决方法是更改公式，或在删除和粘贴单元格后恢复工作表中的单元格。

7.5　拓展练习

王明是某在线销售数码产品公司的管理人员，于 2020 年初随机抽取了 100 名网站注册会员，准备使用 Excel 分析他们上一年度的消费情况（效果如图 7-15 和图 7-16 所示），请根据素材文件夹中的 "Excel.xlsx" 进行操作。具体要求如下：

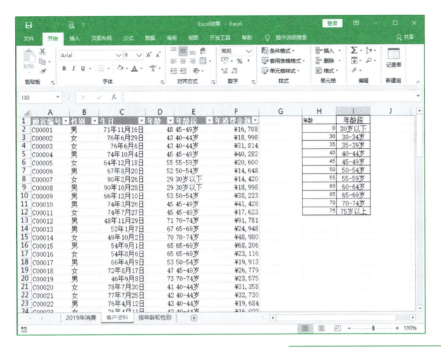

图 7-15
完成后的"客户
资料"表效果图

图 7-16
完成后的顾客人
数统计表效果图

① 将"客户资料"工作表中数据区域 A1:F101 转换为表,将表的名称修改为"客户资料",并取消隔行的底纹效果。

② 将"客户资料"工作表 B 列中所有的"M"替换为"男",所有的"F"替换为"女"。

③ 修改"客户资料"工作表 C 列中的日期格式,要求格式如"80 年 5 月 9 日"(年份只显示后两位)。

④ 在"客户资料"工作表 D 列中,计算每位顾客到 2020 年 1 月 1 日为止的年龄,规则为每到下一个生日,计 1 岁。

⑤ 在"客户资料"工作表 E 列中，计算每位顾客到 2010 年 1 月 1 日为止所处的年龄段，年龄段的划分标准位于"按年龄和性别"工作表的 A 列中。

⑥ 在"客户资料"工作表 F 列中，计算每位顾客 2019 年全年消费金额，各季度的消费情况位于"2019 年消费"工作表中，将 F 列的计算结果修改为货币格式，保留 0 位小数。

⑦ 在"按年龄和性别"工作表中，根据"客户资料"工作表中已完成的数据，在 B 列、C 列和 D 列中分别计算各年龄段的男顾客人数、女顾客人数以及顾客总人数，并在表格底部进行求和汇总。

案例 8　制作大学生创业数据图表

8.1　案例简介

8.1.1　案例需求与展示

王海是一名即将步入社会的大学生,他想在毕业之后进行创业,因此首先在网上做了各行业大学生创业的问卷调查。现在他想根据调查的数据制作一张大学生创业相关行业所占比重的图表,为自己以后的创业方向做参考,效果如图 8-1 所示。

PPT:案例8
制作大学
生创业数
据图表

PPT

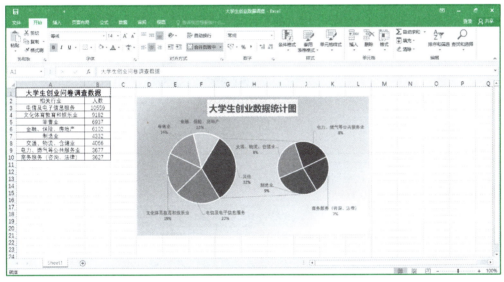

微课 8-1
案例简介

图 8-1
创业数据
统计图表
效果图

8.1.2　知识技能目标

本案例涉及的知识点主要有图表的创建、图表元素的添加与格式化、图表外观的美化。

知识技能目标:

- 掌握图表的创建。
- 掌握图表元素的添加与格式设置。
- 掌握图表的美化。

8.2　案例实现

8.2.1　创建图表

通过图表可以把复杂的数据以直观、形象的形式呈现出来，可以清楚地看出数据变化的规律，在实际生活及生产过程中具有广泛的应用。

本案例中，要统计大学生创业中各行业所占的比重，可以用 Excel 图表中的"复合饼图"实现。具体操作步骤如下：

① 打开素材文件夹中的工作簿文件"大学生创业数据调查.xlsx"，切换到 Sheet1 工作表。

② 选中单元格区域 A2:B10。

③ 切换到"插入"选项卡，单击"图表"功能组中的"插入饼图或圆环图"下拉按钮，从下拉列表中选择"复合饼图"选项，如图 8-2 所示。

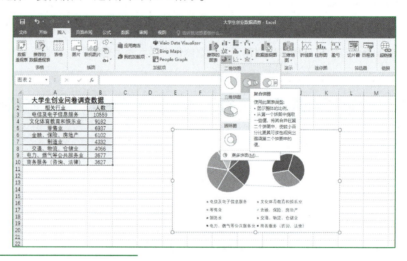

图 8-2
"复合饼图"
选项

④ 在工作表中即可插入一个复合饼图，如图 8-3 所示。

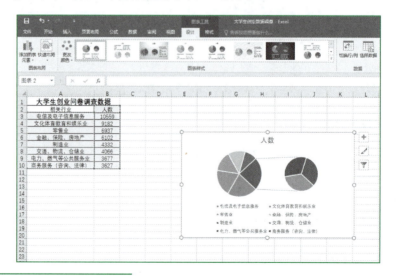

图 8-3
插入"复合
饼图"

8.2.2 图表元素的添加与格式设置

一个专业的图表是由多个不同的图表元素组合而成的，在实际操作中经常需要对图表的各元素进行格式设置。

（1）设置图表标题

图表标题是图表的一个重要组成部分，通过图表标题可以快速了解图表内容的作用。具体操作步骤如下：

① 单击"图表标题"占位符，修改其文字为"大学生创业数据统计图"。

② 再次单击"图表标题"占位符，切换到"开始"选项卡，在"字体"功能组中设置图表标题文本的字体为"微软雅黑"、字号为"18"、加粗。

③ 右击"图表标题"占位符，从弹出的快捷菜单中选择"设置图表标题格式"命令，如图 8-4 所示，打开"设置图表标题格式"窗格。

④ 在"填充与线条"选项卡中单击"填充"左侧的展开按钮，选中"图案填充"单选按钮，在"图案"列表框中选择"20%"选项，如图 8-5 所示。

图 8-4 "设置图表标题格式"命令　　　　图 8-5 "设置图表标题格式"窗格

⑤ 单击"设置图表标题格式"窗格的"关闭"按钮，返回工作表中，即可完成图表标题的格式设置，如图 8-6 所示。

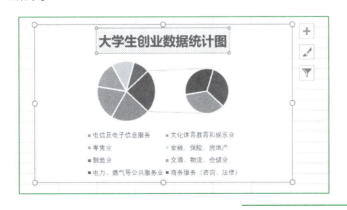

图 8-6
"图表标题"设置
完成后的效果

笔记

（2）取消图例

图例是图表的一个重要元素，它的存在保证了用户可以快速、准确地识别图表。不仅可以调整图例的位置，还可以对图例的格式进行修改。

本案例中为了突出显示各行业所占比重，在饼图中通过"数据标签"显示各部分内容，因此可以将图例取消。具体操作步骤如下：

选中图表，切换到"图表工具|设计"选项卡，单击"图表布局"功能组中的"添加图表元素"按钮，从下拉列表中选择"图例"级联菜单中的"无"命令，如图8-7所示。

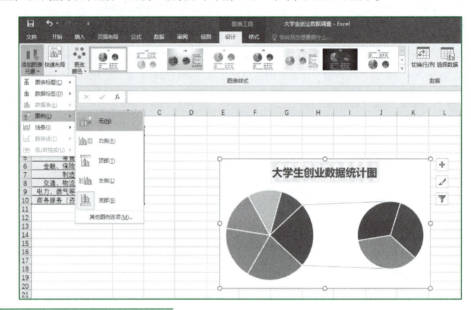

图 8-7
取消图例

（3）设置数据系列

数据系列由数据点组成，每个数据点对应数据区域的单元格中的数据，数据系列对应一行或者一列数据。

从本案例的效果图可以看出，复合饼图的第二绘图区中包含 4 个值，而 Excel 默认创建的复合饼图第二绘图区只包含 3 个值，因此需要进行相关设置才能实现案例效果。具体操作步骤如下：

① 双击复合饼图的任一数据系列，打开"设置数据系列格式"窗格，切换到"系列选项"选项卡。

② 在"系列选项"栏中，设置"第二绘图区中的值"为"4"，设置"分类间距"后微调框的值为"120％"，如图8-8所示。

（4）添加数据标签

为了使用户快速识别图表中的数据系列，可以向图表的数据点添加数据标签。由于默认情况下图表中的数据标签没有显示出来，需要手动将其添加到图表中。具体操作步骤如下：

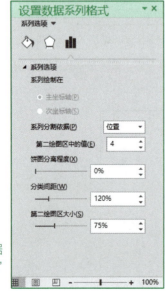

图 8-8
"设置数据系列格式"窗格

① 选择图表，单击图表右上角的"添加图表元素"按钮，从下拉列表中选择"数据标签"复选框，如图 8-9 所示，即可为选中的数据系列添加数据标签。

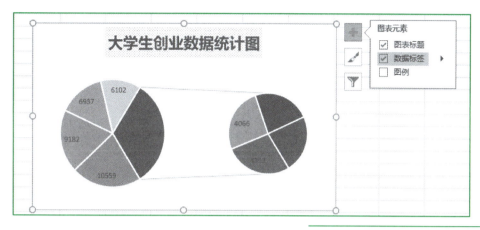

图 8-9
"数据标签"
选项

② 双击图表中的任一数据标签，打开"设置数据标签格式"窗格。

③ 切换到"标签选项"选项卡，在"标签选项"栏中选中"类别名称"和"百分比"复选框，保持"显示引导线"复选框的选中，取消选中"值"复选框；在"标签位置"栏中选中"数据标签外"单选按钮，如图 8-10 所示。

④ 移动图表到单元格区域 D2:L21 之中，将鼠标移到图表右下角，当鼠标指针变成左上右下的双向箭头时，按住鼠标左键调整图表的大小，使其铺满 D2:L21 单元格区域。

⑤ 在拖动数据标签的过程中，随着数据标签与数据系列距离的增大，在数据标签与数据系列之间会出现引导线，根据效果图调整数据标签与数据系列之间的距离，同时适当调整数据标签的宽度，如图 8-11 所示。

图 8-10
"设置数据
标签格式"
窗格

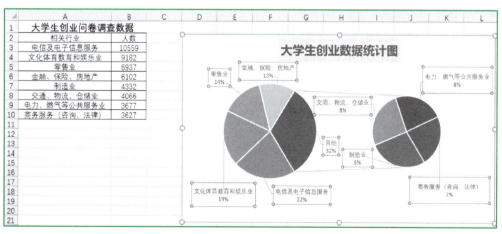

图 8-11
调整数据
标签位置
后的效果

8.2.3　图表的美化

为了让图表看起来更加的美观，可以通过设置图表"图表区"的格式，给图表添加背景颜色。具体操作步骤如下：

微课 8-3
图表的
美化

① 右击图表的图表区，从弹出的快捷菜单中选择"设置图表区格式"命令，打开"设置图表区格式"窗格。

② 在"填充与线条"选项卡中选中"填充"栏下的"渐变填充"单选按钮，单击"预设渐变"后的下拉按钮，从下拉列表中选择"浅色渐变–个性色 5"选项，如图 8-12 所示。保持"类型"后的默认值"线性"不变，调整"角度"后微调框的值为"240°"。

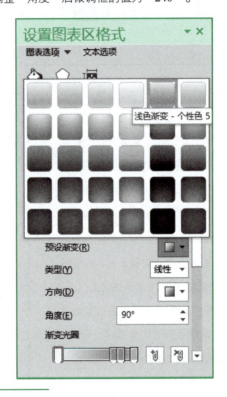

图 8-12
设置"渐变填充"

③ 设置完成后单击"设置图表区格式"窗格右上角的"关闭"按钮，返回工作表，完成图表区的格式设置，如图 8-1 所示。

④ 保存工作簿文件，完成案例的制作。

8.2.4　图表的打印

图表设置完成后，可按照用户需要进行打印。以仅打印图表为例，具体操作步骤如下：

选中图表，切换到"文件"选项卡，选择"打印"命令，根据图表的预览效果，调整纸张方向为"横向"，在 Excel 窗口的右侧可显示打印预览的效果，如图 8-13 所示。调整完成后，单击"打印"按钮，即可实现图表的打印。

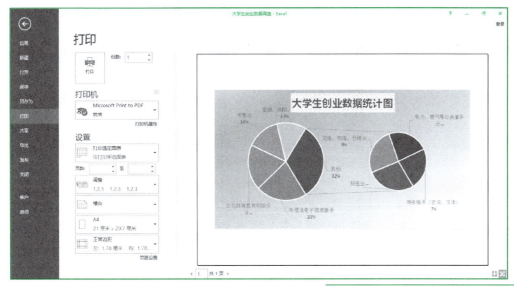

图 8-13
图表打印
预览效果

8.3 案例小结

大学生创业是一种以在校大学生和毕业大学生的特殊群体为创业主体的创业过程。随着近年来我国经济结构持续调整、转型升级以及传统行业就业压力的增加,自主创业已逐渐成为在校大学生和毕业大学生的一种职业选择方式。大学生创业也成为国家和社会共同关注的话题。

本案例通过制作大学生创业数据分析图表,讲解了 Excel 中图表的创建、图表的格式化等操作。在实际操作中,还需要注意以下问题:

1)Excel 2016 中的图表包含 14 个标准类型和多种组合类型,制作图表时要选择适当的图表类型进行表达。下面介绍几种常用的图表类型。

① 柱形图。柱形图是最常用的图表类型之一,主要用于表现数据之间的差异。在 Excel 2016 中,柱形图包括簇状柱形图、堆积状柱形图、百分比堆积柱形图、三维簇状柱形图、三维堆积柱形图、三维百分比堆积柱形图以及三维柱形图共 7 种子类型。其中,簇状柱形图(如图 8-14 所示)可比较多个类别的值;堆积柱形图(如图 8-15 所示)可用于比较每个值对所有类别的总计贡献;百分比堆积柱形图和三维百分比堆积柱形图可以跨类别比较每个值占总体的百分比。

微课 8-4
图表类型
介绍

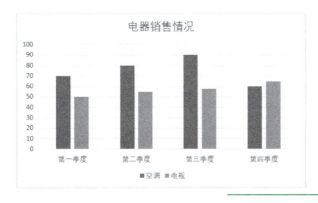

图 8-14
簇状柱形图

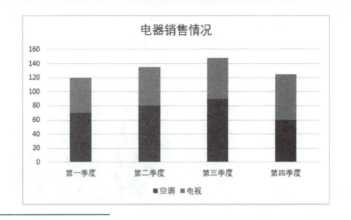

图 8-15
堆积柱形图

② 折线图。折线图是最常用的图表类型之一，主要用于表现数据变化的趋势。在 Excel 2016 中，折线图的子类型也有 7 种，包括折线图、堆积折线图、百分比堆积折线图、带数据标记的折线图、带标记的堆积折线图、带数据标记的百分比堆积折线图以及三维折线图。其中，折线图（如图 8-16 所示）可以显示随时间而变化的连续数据，因此非常适合用于显示在相等时间间隔下的数据变化趋势；堆积折线图（如图 8-17 所示）则用于显示每个值所占大小随时间变化的趋势。

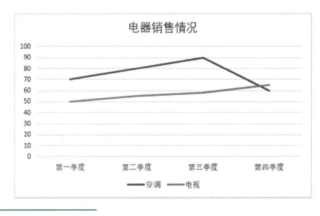

图 8-16
折线图

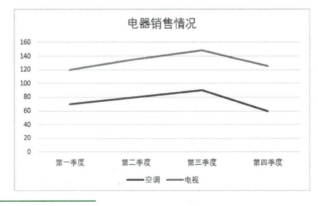

图 8-17
堆积折线图

③ 条形图。将柱形图旋转 90° 则为条形图。条形图显示了各个项目之间的比较情况，当图表的轴标签过长或显示的数值是持续型时，一般使用条形图。在 Excel 2016 中，条形图的子类型有 6 种，包括簇状条形图、堆积条形图、百分比堆积条形图、三维簇状条形图、三维堆积条形图以及

三维百分比堆积条形图。其中，簇状条形图可用于比较多个类别的值，如图 8-18 所示；堆积条形图可用于显示单个项目与总体的关系，如图 8-19 所示。

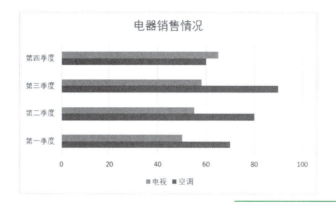

图 8-18
簇状条形图

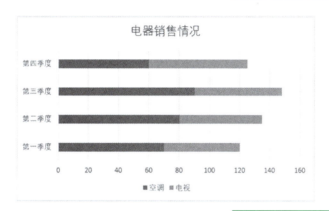

图 8-19
堆积条形图

④ 饼图。饼图（如图 8-20 所示）是最常用的图表类型之一，主要用于强调总体与个体之间的关系。饼图通常只用一个数据系列作为数据源，将一个圆划分为若干个扇形，每一个扇形代表数据系列中的一项数据值，其大小用于表示相应数据项占该数据系列总和的比值。在 Excel 2016 中，饼图的子类型有 5 种，包括饼图、三维饼图、子母饼图、复合条饼图以及圆环图。其中，圆环图（如图 8-21 所示）可以含有多个数据系列，每一个圆环图中的环都代表一个数据系列。

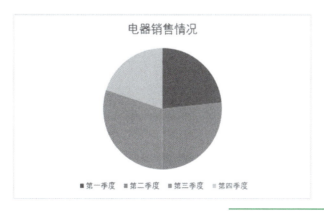

图 8-20
饼图

图 8-21
圆环图

⑤ 面积图。面积图（如图 8-22 所示）用于显示不同数据系列之间的对比关系，显示各数据系列与整体的比例关系，强调数量随时间而变化的程度，能直观地表现出整体和部分的关系。在 Excel 2016 中，面积图的子类型有 6 种，包括面积图、堆积面积图、百分比堆积面积图、三维面积图、三维堆积面积图以及三维百分比堆积面积图。其中，面积图用于显示各种数值随时间或类别变化的趋势线；堆积面积图（如图 8-23 所示）用于显示每个数值所占大小随时间或类别变化的趋势线，可强调某个类别交于系列轴上的数值的趋势线。但是需要注意，在使用堆积面积图时，一个系列中的数据可能会被另一个系列中的数据遮住。

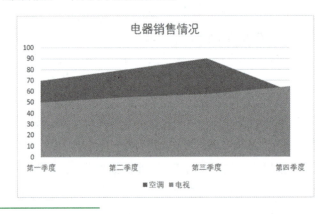

图 8-22
面积图

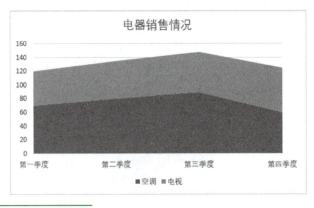

图 8-23
堆积面积图

2）Excel 图表由图表区、绘图区、标题、图例、数据系列、坐标轴等基本组成部分构成，如图 8-24 所示。下面介绍图表的基本组成部分。

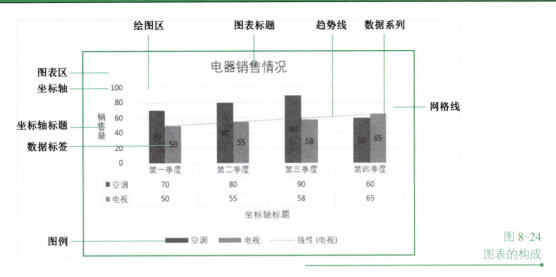

图 8-24
图表的构成

① 图表区。图表区是指图表的全部范围，Excel 默认的图表区是由白色填充区域和 50%的灰色细实线边框组成的。选中图表区时，将显示图表对象边框以及用于调整图表大小的 8 个控制点。

② 绘图区。绘图区是指图表区内的图形表示区域，是以两个坐标轴为边的长方形区域。选中绘图区时，将显示绘图区边框以及用于调整绘图区大小的 8 个控制点。

③ 标题。标题包括图表标题和坐标轴标题，图表标题只有一个，一般显示在绘图区上方；坐标轴标题分为水平轴标题和垂直轴标题，显示在坐标轴外侧。

④ 数据系列。数据系列是由数据点构成的，每个数据点对应于工作表中某个单元格内的数据，数据系列对应工作表中的一行或一列的数据。数据系列在绘图区中表现为彩色的点、线、面等图形。

⑤ 图例。图例由图例项和图例项标识组成，在默认设置中，包含图例的无边框矩形区域显示在绘图区右侧。

⑥ 坐标轴。坐标轴按位置不同分为主坐标轴和次坐标轴，Excel 默认显示的是绘图区左边的主要纵坐标轴和下边的主要横坐标轴。坐标轴按引用数据不同可以分为数值轴、分类轴、时间轴和序列轴。

对于图表的各部分元素的格式设置，均可通过右键快捷菜单中的设置格式命令实现。

3）迷你图是工作表单元格中的一个微型图表，可提供数据的直观表示。它用清晰、简明的图表形象显示数据的特征，并且占用空间少。

迷你图包括折线迷你图、柱形迷你图和盈亏迷你图 3 种类型。折线迷你图可显示一系列数据的趋势，柱形迷你图可对比数据的大小，盈亏迷你图可显示一系列数据的盈利情况。用户也可以将多个迷你图组合成为一个迷你图组。

创建迷你图的具体操作步骤如下：

① 打开素材文件夹中的工作簿文件"创建迷你图.xlsx"，选择单元格 F3，切换到"插入"选项卡，单击"迷你图"功能组中的"折线图"按钮，如图 8-25 所示，打开"创建迷你图"对话框。

笔 记

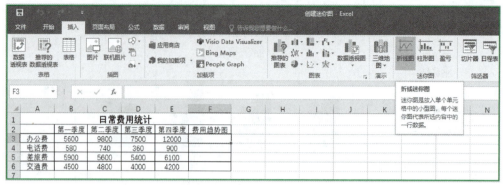

图 8-25
选择 "折
线迷你图"

② 将光标定位到 "数据范围" 后的文本框中，使用鼠标选择单元格区域 B3:E3，如图 8-26 所示，单击 "确定" 按钮，即可在单元格 F3 中创建迷你图。

图 8-26
"创建迷你图"
对话框

③ 将鼠标移到单元格 F3 的右下角，当鼠标指针变成黑色十字时，按下鼠标左键并拖动至单元格 F6，可利用填充句柄实现迷你图的自动生成，如图 8-27 所示。

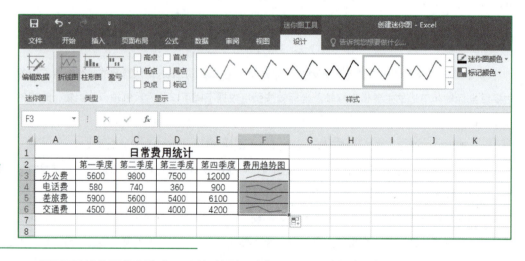

图 8-27
迷你图
创建完
成后的
效果

需要更改迷你图的类型时，可以切换到 "迷你图工具|设计" 选项卡，在 "类型" 功能组中选择需要的图表类型即可。

需要删除迷你图时，选择需要删除的迷你图，切换到 "迷你图工具|设计" 选项卡，单击 "分组" 功能组中的 "清除" 下拉按钮，从下拉列表中选择所需要的命令即可，如图 8-28 所示。

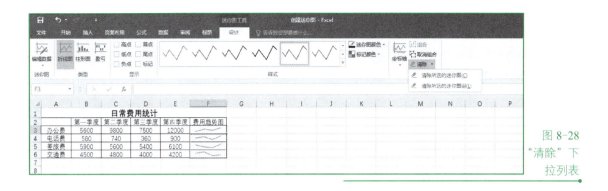

图 8-28
"清除"下
拉列表

8.4 经验技巧

8.4.1 快速调整图表布局

图表布局是指图表中显示的图表元素及其位置、格式等的组合。Excel 2016 提供了 12
种内置图表样式，用于快速调整图表布局。以本案例为例，快速调整图表布局的具体操作
如下：

选中图表，切换到"图表工具|设计"选项卡，单击"图表布局"功能组中的"快速布局"
下拉按钮，从下拉列表中选择"布局 7"选项，如图 8-29 所示，即可将此图表布局应用到选中
的图表。

笔 记

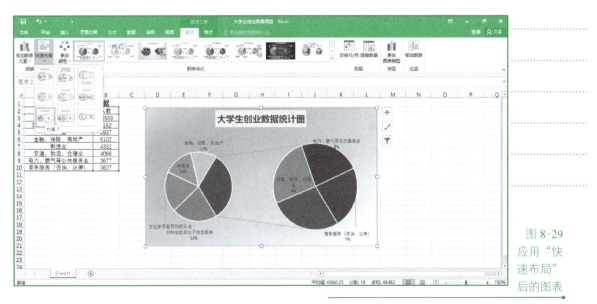

图 8-29
应用"快
速布局"
后的图表

8.4.2 图表打印技巧

（1）打印数据与图表

需要打印数据源与图表时，可选中工作表中的任意单元格，切换到"视图"选项卡，单击"工
作簿视图"功能组中的"页面布局"按钮，显示工作表的页面布局视图，如图 8-30 所示。由于图
表较宽，导致数据与图表不在一页，此时，可切换到"页面布局"选项卡，在"页面设置"功能

组中单击"纸张方向"下拉按钮，选择"横向"选项，调整纸张方向，如图 8-31 所示。也可以在页面布局视图下调整页边距，使打印的内容在同一页中，最后在"文件"选项卡中选择"打印"命令，即可实现数据与图表的打印。

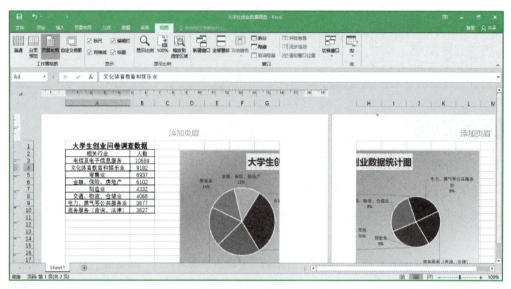

图 8-30 "页面布局"视图

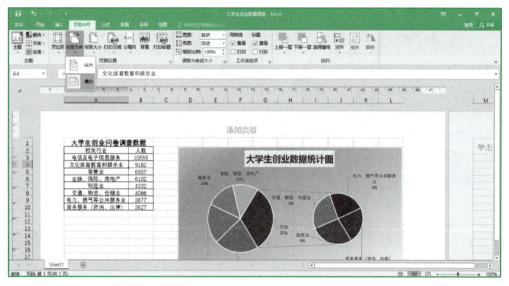

图 8-31 调整"纸张方向"

（2）不打印图表

当用户只想打印表格数据，不打印图表时，可通过以下操作实现：

右击图表，从弹出的快捷菜单中选择"设置图表区域格式"命令，打开"设置图表区格式"窗格，在"大小与属性"选项卡的"属性"栏中取消选中"打印对象"复选框，如图 8-32 所示。单击"关闭"按钮返回工作表，此时选中工作表任意单元格，在"文件"选项卡中选择"打印"命令，即可在打印预览中只看到表格数据。

图 8-32
取消选中"打印对象"复选框

8.5 拓展练习

某企业员工小韩需要使用 Excel 来分析采购成本，效果如图 8-33 所示。打开素材文件夹中的工作簿文件"习题.xlsx"，完成以下操作：

① 在"成本分析"工作表的单元格区域 B8:B20 使用公式计算不同订货量下的年存储成本，公式为"年订货成本=年需求量/订货量×单次订货成本"，计算结果应用货币格式并保留整数。

② 在"成本分析"工作表的单元格区域 C8:C20 使用公式计算不同订货量下的年订货成本，公式为"年存储成本=单位年存储成本×订货量×0.5"，计算结果应用货币格式并保留整数。

③ 在"成本分析"工作表的单元格区域 D8:D20 使用公式计算不同订货量下的年总成本，公式为"年总成本=年订货成本+年存储成本"，计算结果应用货币格式并保留整数。

④ 为"成本分析"工作表的单元格区域 A7:D20 套用一种表格样式，并将表名称修改为"成本分析"。

⑤ 根据"成本分析"工作表的单元格区域 A7:D20 中的数据，创建"带平滑线的散点图"，修改图表标题为"采购成本分析"，标题文本字体为"微软雅黑"、字号为"20"、加粗。根据效果图修改垂直轴与水平轴上的最大、最小值及刻度单位和刻度线，设置图例位置，修改网格线为"短画线"类型。

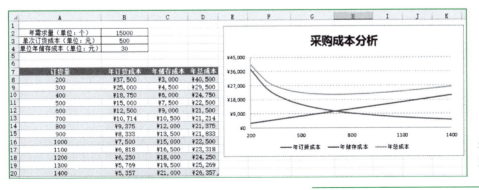

图 8-33
采购成本案例
完成后的习题
效果图

笔 记

案例 9 考勤数据统计分析

9.1 案例简介

9.1.1 案例需求与展示

李丽是某科技有限公司的劳资科科长，为了维护公司的正常工作秩序、严肃公司纪律，现在要根据公司第一季度和第二季度的考勤表统计上半年员工的考勤情况。具体要求如下：

① 根据第一季度和第二季度的考勤数据，汇总出上半年员工出勤情况。

② 对汇总后的数据进行排序，以查看各部门员工的出勤情况。

③ 筛选出企划部迟到次数在 10 次及以上的人员上报总经理，筛选出本科学历的员工缺席天数在 5 天以上或早退次数在 10 次以上的人员信息上报人力资源部。

④ 分类汇总出上半年各部门中不同学历人员的出勤情况。

⑤ 通过数据透视表统计各部门中不同学历员工的各项出勤情况并对数据按缺席天数进行降序排序，效果如图 9-1 所示。

PPT:案例9
考勤数据
统计分析

微课 9-1
案例简介

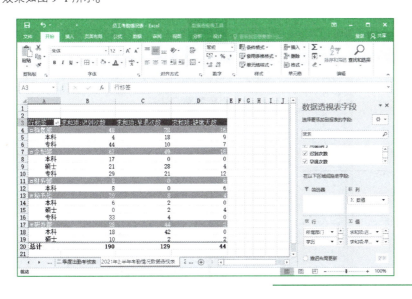

图 9-1
员工出勤情况
分析效果图

9.1.2 知识技能目标

本案例涉及的知识点主要有数据的合并计算、数据排序、数据的自动筛选、数据的高级筛选、数据分类汇总、创建数据透视表。

知识技能目标：

- 掌握 Excel 中对多个表格数据的合并计算。
- 掌握数据的多条件排序。
- 掌握数据的自动筛选与高级筛选。
- 掌握数据的分类汇总。
- 掌握数据透视表的创建与美化。

9.2　案例实现

9.2.1　合并计算

合并计算是 Excel 中内置的处理多区域汇总的工具。合并计算能够帮助用户将指定的单元格区域中的数据，按照项目的匹配，对同类数据进行汇总。数据汇总的方式包括求和、计数、平均值、最大值、最小值等。

微课 9-2
合并计算

本案例中，需要将第一季度和第二季度考勤情况表中的数据进行合并计算。具体操作步骤如下：

① 打开素材文件夹中的工作簿文件"员工考勤情况表.xlsx"，单击"二季度出勤考核表"右侧的"新工作表"按钮，创建一个名为"Sheet1"的新工作表。

② 将"Sheet1"工作表重命名为"2021 年上半年考勤情况汇总表"，在单元格 A1 中输入表格标题"2021 年上半年考勤汇总表"，设置文本字体为"微软雅黑"、字号为"18"、加粗。

③ 在"2021 年上半年考勤汇总表"的单元格区域 A2:G2 依次输入表格的列标题"序号""员工姓名""学历""所属部门""迟到次数""缺席天数"以及"早退次数"。将"一季度出勤考核表"中的"序号""员工姓名""学历"和"所属部门"4 列数据复制过来。

④ 将单元格区域 A1:G1 进行合并居中。为单元格区域 A2:G34 添加边框、设置表格数据的字体为"宋体"、字号为"10"、对齐方式为"居中"，如图 9-2 所示。

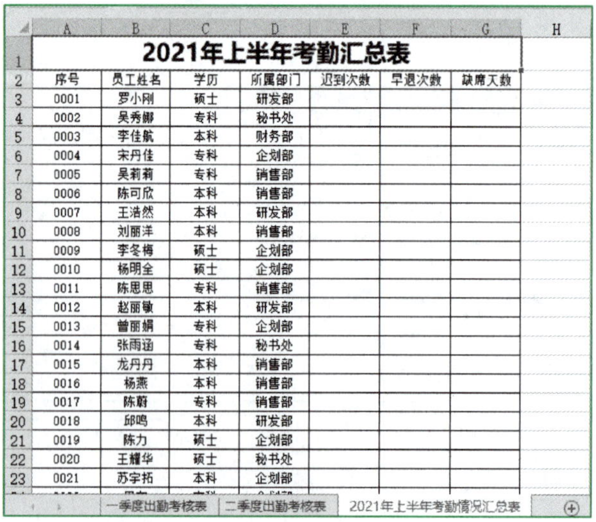

图 9-2
新建"2021 年上半年
考勤情况汇总表"

⑤ 选择"2021 年上半年考勤情况汇总表"的单元格 E3,切换到"数据"选项卡,单击"数据工具"功能组中的"合并计算"按钮,如图 9-3 所示,打开"合并计算"对话框。

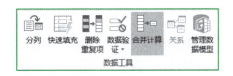

图 9-3
"合并计算"按钮

⑥ 保持"函数"栏下方的"求和"不变,将光标定位到"引用位置"下方的文本框中,单击"一季度出勤考核表"工作表标签并选择单元格区域 E3:G34。返回"合并计算"对话框,单击"添加"按钮,在"所有引用位置"下方的列表框中将显示所选的单元格区域。

⑦ 将插入点再次定位到"引用位置"下方的文本框中,删除已有的数据区域,再单击"2 季度出勤考核表"工作表标签,并选择单元格区域 E3:G34。返回"合并计算"对话框,单击"添加"按钮,在"所有引用位置"下方的列表框中将显示所选的单元格区域,如图 9-4 所示。设置完成后,单击"确定"按钮,即可在"2021 年上半年考勤情况汇总表"中看到合并计算的结果,如图 9-5 所示。

图 9-4
"合并计算"对话框

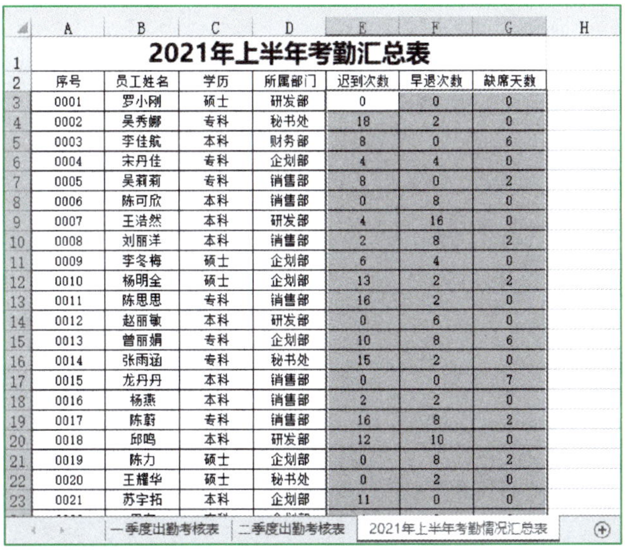

序号	员工姓名	学历	所属部门	迟到次数	早退次数	缺席天数
0001	罗小刚	硕士	研发部	0	0	0
0002	吴秀娜	专科	秘书处	18	2	0
0003	李佳航	本科	财务部	8	0	6
0004	宋丹佳	专科	企划部	4	4	0
0005	吴蒨莉	专科	销售部	8	0	2
0006	陈可欣	本科	销售部	0	8	0
0007	王浩然	本科	研发部	4	16	0
0008	刘丽洋	本科	销售部	2	8	2
0009	李冬梅	硕士	企划部	6	4	0
0010	杨明全	硕士	企划部	13	2	0
0011	陈思思	专科	销售部	16	2	0
0012	赵丽敏	本科	研发部	0	6	0
0013	曾丽娟	专科	企划部	10	8	6
0014	张雨涵	专科	秘书处	15	2	0
0015	龙丹丹	本科	销售部	0	0	7
0016	杨燕	本科	销售部	2	2	0
0017	陈蔚	专科	销售部	16	2	0
0018	邱鸣	本科	研发部	12	10	0
0019	陈力	硕士	企划部	0	8	2
0020	王耀华	硕士	秘书处	0	2	0
0021	苏宇拓	本科	企划部	11	0	0

一季度出勤考核表 二季度出勤考核表 2021年上半年考勤情况汇总表

图 9-5
合并计算后的效果(部分)

•9.2.2　数据排序

为了方便查看和对比表格中的数据，可以对数据进行排序。排序是按照某个字段或某几个字段的次序对数据进行重新排列，让数据具有某种规律。排序后的数据可以方便用户查看和对比。数据排序包括简单排序、复杂排序和自定义排序。

微课 9-3
数据排序

本案例中要查看上半年各部门员工的出勤情况，可以对表格数据按部门进行升序排序，在部门相同的情况下分别按缺席天数、早退次数、迟到次数进行降序排序。由于排序条件较多，此时的排序需要使用 Excel 中的复杂排序。具体操作步骤如下：

① 复制"2021 年上半年考勤情况汇总表"，并将其副本表格重命名为"2021 年上半年考勤情况排序"。

② 将光标定位于"2021 年上半年考勤情况排序"工作表数据区域的任意单元格中，切换到"数据"选项卡，单击"排序和筛选"功能组中的"排序"按钮，如图 9-6 所示，打开"排序"对话框。

图 9-6
"排序"按钮

③ 单击"主要关键字"右侧的下拉按钮，从下拉列表中选择"所属部门"选项，保持"排序依据"下拉列表的默认值不变，在"次序"的下拉列表中选择"升序"，之后单击"添加条件"按钮，对话框中出现"次要关键字"的条件行，设置"次要关键"为"缺席天数"、"次序"为"降序"，用同样的方法再添加两个"次要关键字"，分别为"早退次数"和"迟到次数"，设置"次序"均为"降序"，如图 9-7 所示。

图 9-7
"排序"对话框

④ 单击"确定"按钮，完成表格数据的多条件排序，效果如图 9-8 所示。

序号	员工姓名	学历	所属部门	迟到次数	早退次数	缺席天数
			2021年上半年考勤汇总表			
0003	李佳航	本科	财务部	8	0	6
0029	王琪	硕士	秘书处	0	0	4
0002	吴秀娜	专科	秘书处	18	2	0
0014	张雨涵	专科	秘书处	15	2	0
0031	张昭	本科	秘书处	2	2	0
0020	王耀华	硕士	秘书处	0	2	0
0027	吉晓庆	本科	秘书处	4	0	0
0013	曾丽娟	专科	企划部	10	8	6
0026	巩月明	专科	企划部	6	2	6
0019	陈力	本科	企划部	8	2	2
0010	杨明全	硕士	企划部	13	2	2
0030	曾文洪	硕士	企划部	0	8	0
0025	孟永科	专科	企划部	9	7	0
0024	徐琴	硕士	企划部	2	6	0
0009	李冬梅	硕士	企划部	6	4	0
0004	宋丹佳	本科	企划部	4	4	0
0021	苏宇拓	本科	企划部	11	0	0
0022	田东	本科	企划部	6	0	0
0015	龙丹丹	本科	销售部	0	0	7
0032	董国株	专科	销售部	4	0	3
0017	陈蔚	本科	销售部	16	8	2

2021年上半年考勤情况排序

图 9-8
数据排序后的效果

9.2.3 数据筛选

在一张大型工作表中,如果要找出某几项符合一定条件的数据,可以使用 Excel 强大的数据筛选功能。在用户设定筛选条件后,系统会迅速找出符合所设条件的数据记录,并自动隐藏不满足筛选条件的记录。

数据筛选包括自动筛选和高级筛选两种。自动筛选一般用于简单的条件筛选,而高级筛选一般用于条件比较复杂的条件筛选。高级筛选之前必须先设定筛选的条件区域,当筛选条件同行排列时,筛选出来的数据必须同时满足所有筛选条件,称为"且"高级筛选;当筛选条件位于不同行时,筛选出来的数据只需满足其中一个筛选条件即可,称为"或"高级筛选。

微课 9-4
数据筛选

本案例中要求筛选出企划部迟到次数在 10 次及以上的人员上报总经理,可利用自动筛选功能实现。具体操作步骤如下:

① 复制"2021 年上半年考勤情况汇总表",并将其副本表格重命名为"2021 年上半年考勤(上报总经理)"。

② 将光标定位于"2021 年上半年考勤(上报总经理)"工作表数据区域的任意单元格中,切换到"数据"选项卡,单击"排序和筛选"功能组中的"筛选"按钮,如图 9-9 所示。

图 9-9
"筛选"按钮

③ 工作表进入筛选状态,各标题字段的右侧均出现下三角按钮。

④ 单击"所属部门"右侧的下三角按钮，在展开的下拉列表中取消选中"财务部""秘书处""销售部"以及"研发部"复选框，只选中"企划部"复选框，如图 9-10 所示。

图 9-10
设置"所属
部门"的筛
选条件

⑤ 单击"确定"按钮，表格中筛选出了"企划部"员工的考勤数据。

⑥ 单击"迟到次数"右侧的下三角按钮，在展开的下拉列表中选择"数字筛选"级联菜单中的"大于或等于"命令，如图 9-11 所示，打开"自定义自动筛选方式"对话框。

图 9-11
"数字筛选"
级联菜单
的"大于或
等于"命令

⑦ 设置"大于或等于"后的值为"10"，如图 9-12 所示。

⑧ 单击"确定"按钮返回工作表，表格即显示了"企划部"中"迟到次数"10 次及以上员工的考勤数据，如图 9-13 所示。

图 9-12
"自定义自动筛选方式"对话框

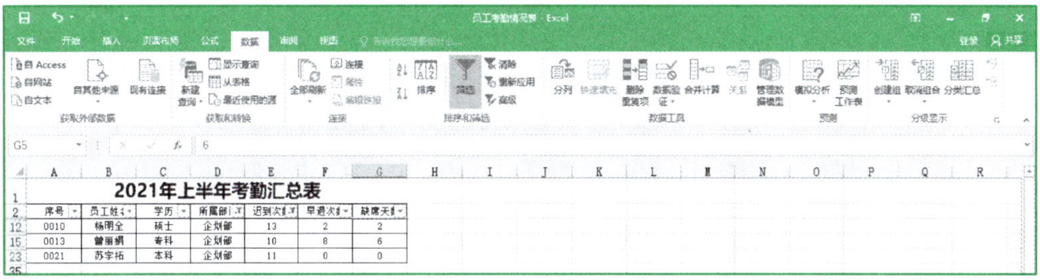

图 9-13
"自动筛选"后的效果

本案例中还要求筛选本科学历的员工缺席天数在 5 天以上或早退次数在 10 次以上的人员信息上报人力资源部，可利用高级筛选功能实现。具体操作步骤如下：

① 复制"2021 年上半年考勤情况汇总表"，并将其副本表格重命名为"2021 年上半年考勤（上报人力资源部）"。

② 切换到"2021 年上半年考勤（上报人力资源部）"工作表，在单元格区域 I2:K2 依次输入"学历""缺席天数"以及"早退次数"。

③ 选择 I3 单元格，输入"本科"，选择 J3 单元格，输入">5"，选择 K4 单元格，输入">10"，并为此单元格区域添加边框，如图 9-14 所示。

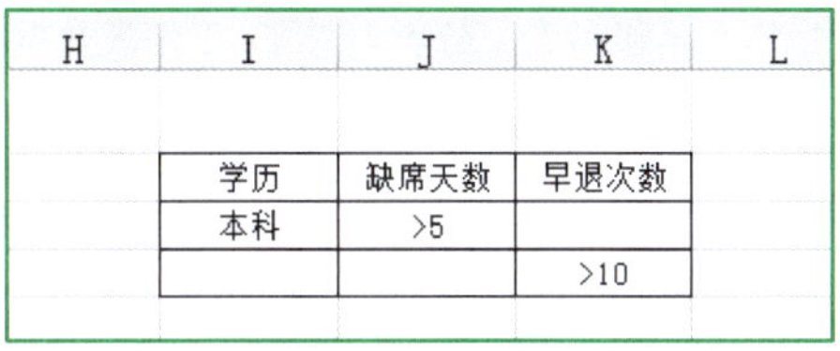

H	I	J	K	L
	学历	缺席天数	早退次数	
	本科	>5		
			>10	

图 9-14
设置筛选条件

④ 将光标定位于"2021 年上半年考勤（上报人力资源部）"工作表数据区域的任意单元格，切换到"数据"选项卡，在"排序和筛选"功能组中单击"高级"按钮，打开"高级筛选"对话框。

⑤ 保持选中"方式"栏中的"在原有区域显示筛选结果"单选按钮，保持系统自动设置的"列表区域"A2:G34 不变。将插入点定位于"条件区域"后的文本框中，选择刚刚设置的筛选条件区域 I2:K4，如图 9-15 所示。单击"确定"按钮返回工作表，即可看到工作表的数据区域显示出了符合筛选条件的员工考勤数据，如图 9-16 所示。

图 9-15
"高级筛选"对话框

	A	B	C	D	E	F	G	H
1			2021年上半年考勤汇总表					
2	序号	员工姓名	学历	所属部门	迟到次数	早退次数	缺席天数	
5	0003	李佳航	本科	财务部	8	0	6	
9	0007	王洁然	本科	研发部	4	16	0	
17	0015	龙丹丹	本科	销售部	0	0	7	
35								
36								

图 9-16
"高级筛选"后的
效果

9.2.4 数据分类汇总

分类汇总是对 Excel 表格中的数据进行管理的工具之一，通过它可以快速地汇总各项数据，通过分级显示和分类汇总，可以从大量数据信息中提取有用的信息。分类汇总允许展开或收缩工作表，还可以汇总整个工作表或其中选定的一部分。需要注意的是，分类汇总之前须对数据进行排序。

微课 9-5
数据分类
汇总

本案例中要汇总出上半年各部门中不同学历人员的出勤情况，可利用分类汇总嵌套实现。具体操作步骤如下：

① 复制"2021 年上半年考勤情况汇总表"，并将其副本表格重命名为"2021 年上半年考勤（分类汇总）"。

② 将光标定位于"2021 年上半年考勤（分类汇总）"工作表数据区域的任意单元格中，切换到"数据"选项卡，单击"排序和筛选"功能组中的"排序"按钮，打开"排序"对话框，设置"主要关键字"为"所属部门"、"次要关键字"为"学历"、"次序"均为"升序"，如图 9-17 所示。单击"确定"按钮，完成表格中数据的排序。

图 9-17
"排序"对话框

③ 切换到"数据"选项卡，单击"分级显示"功能组中的"分类汇总"按钮，如图 9-18 所示，打开"分类汇总"对话框。

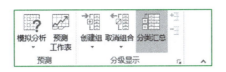

图 9-18
"分类汇总"按钮

④ 设置"分类字段"下拉列表的值为"所属部门"、"汇总方式"下拉列表的值为"求和"，在"选定汇总项"列表框中选中"迟到次数""早退次数"以及"制席天数"复选框，保持选中"替换当前分类汇总"和"汇总结果显示在数据下方"复选框，如图 9-19 所示。单击"确定"按钮，完成数据按"所属部门"进行的分类汇总操作，如图 9-20 所示。

图 9-19
"分类汇总"对话框

1 2 3		A	B	C	D	E	F	G	H	I	J	K
	1		2021年上半年考勤汇总表								
	2	序号	员工姓名	学历	所属部门	迟到次数	早退次数	缺席天数			
	3	0003	李佳航	本科	财务部	8	0	6			
	4				财务部 汇总	8	0	6			
	5	0027	吉晓庆	本科	秘书处	4	0	0			
	6	0031	张昭	本科	秘书处	2	2	0			
	7	0020	王耀华	硕士	秘书处	0	2	0			
	8	0029	王琪	硕士	秘书处	0	0	4			
	9	0002	吴秀娜	专科	秘书处	18	2	0			
	10	0014	张雨涵	专科	秘书处	15	2	0			
	11				秘书处 汇总	39	8	4			
	12	0021	苏宇拓	本科	企划部	11	0	0			
	13	0022	田东	本科	企划部	6	0	0			
	14	0009	李冬梅	硕士	企划部	6	4	0			
	15	0010	杨明全	硕士	企划部	13	2	2			
	16	0019	陈力	硕士	企划部	0	8	2			
	17	0024	徐琴	硕士	企划部	2	0	0			
	18	0030	曾文洪	硕士	企划部	0	8	0			
	19	0004	宋丹佳	专科	企划部	4	4	0			
	20	0013	曾丽娟	专科	企划部	10	8	6			
	21	0025	孟永科	专科	企划部	9	7	0			
	22	0026	巩月明	专科	企划部	6	8	6			
	23				企划部 汇总	67	49	16			

... 2021年上半年考勤 (上报总经理) | 2021年上半年考勤 (上报人力资源部) | 2021年上半年考勤 (分类汇总) | ⊕

图 9-20
"分类汇总"
后的效果

⑤ 再次打开"分类汇总"对话框，设置"分类字段"为"学历"，保持"汇总方式"和"选定汇总项"列表的设置不变，取消选中"替换当前分类汇总"复选框，如图 9-21 所示。单击"确

定"按钮，完成分类汇总的嵌套，如图 9-22 所示。

图 9-21
设置"分类汇总"
嵌套条件

1 2 3 4	A	B	C	D	E	F	G
				2021年上半年考勤汇总表			
2	序号	员工姓名	学历	所属部门	迟到次数	早退次数	缺席天数
3	0003	李佳航	本科	财务部	8	0	6
4			本科 汇总		8	0	6
5				财务部 汇总	8	0	6
6	0027	吉晓庆	本科	秘书处	4	0	0
7	0031	张昭	本科	秘书处	2	2	0
8			本科 汇总		6	2	0
9	0020	王耀华	硕士	秘书处	0	2	0
10	0029	王琪	硕士	秘书处	0	0	4
11			硕士 汇总		0	2	4
12	0002	吴秀娜	专科	秘书处	18	2	0
13	0014	张雨涵	专科	秘书处	15	2	0
14			专科 汇总		33	4	0
15				秘书处 汇总	39	8	4
16	0021	苏宇拓	本科	企划部	11	0	0
17	0022	田东	本科	企划部	6	0	0
18			本科 汇总		17	0	0
19	0009	李冬梅	硕士	企划部	6	4	0
20	0010	杨明全	硕士	企划部	13	2	2
21	0019	陈力	硕士	企划部	0	8	2
22	0024	徐琴	硕士	企划部	2	6	0
23	0030	曾文洪	硕士	企划部			

... | 2021年上半年考勤（上报总经理） | 2021年上半年考勤（上报人力资源部） | 2021年上半年考勤（分类汇总）

就绪

图 9-22
"分类汇总"
嵌套效果图

9.2.5　制作数据透视表

数据透视表是一种交互的、交叉制表的 Excel 报表，用于对多种来源（包括 Excel 的外部数据）的数据（如数据库记录）进行汇总和分析。数据透视表可以进行某些计算，如求和、计数等，所进行的计算与数据在数据透视表中的排列有关。数据透视表可以动态地改变版面布置，以便按照不同方式分析数据，也可以重新安排行号、列标和页字段。每一次改变版面布置时，数据透视表会立即按照新的布置重新计算数据。

微课 9-6
制作数据
透视表

本案例要通过数据透视表统计各部门中不同学历员工的各项出勤情况。具体操作步骤如下：

① 切换到 "2021 年上半年考勤情况汇总表" 工作表，将光标置于数据区域之中。

② 切换到 "插入" 选项卡，单击 "表格" 功能组中的 "数据透视表" 按钮，如图 9-23 所示，打开 "创建数据透视表" 对话框，如图 9-24 所示。

笔 记

图 9-23 "数据透视表" 按钮　　　　图 9-24 "创建数据透视表" 对话框

③ 保持对话框中的选项不变，单击 "确定" 按钮。Excel 将自动创建一个新的工作表 "Sheet5"，进入透视表设计界面，如图 9-25 所示。

图 9-25 "数据透视表" 设计界面

④ 在 "数据透视表字段" 窗格中，从 "选择要添加到报表的字段" 列表框中选择报表字段，将 "所属部门" 和 "学历" 字段拖动到 "行标签" 列表框中，将 "迟到次数" "早退次数" 以及 "缺席天数" 字段拖动到 "列标签" 列表框中，效果如图 9-26 所示。

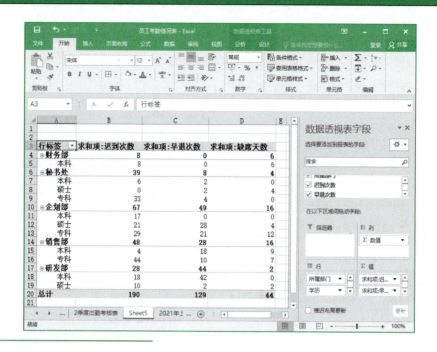

图 9-26
将数据字段
拖入相应区
域后的效果

⑤ 单击单元格"行标签"右侧的下拉按钮，从下拉列表中选择"其他排序选项"命令，打开
"排序（所属部门）"对话框，在"排序选项"栏中，选中"升序排序（Z 到 A）依据："单选按钮，
并从其下拉列表中选择"求和项：缺席天数"选项，如图 9-27 所示。单击"确定"按钮，透视表
中的数据即可按"缺席天数"从高到低显示。

⑥ 选中数据透视表的任意单元格，切换到"数据透视表工具|设计"选项卡，单击"数据透视
表样式"功能组中的"其他"按钮，从下拉列表中选择"数据透视表样式中等深浅 2"选项，如
图 9-28 所示。

图 9-27　"排序（所属部门）"对话框

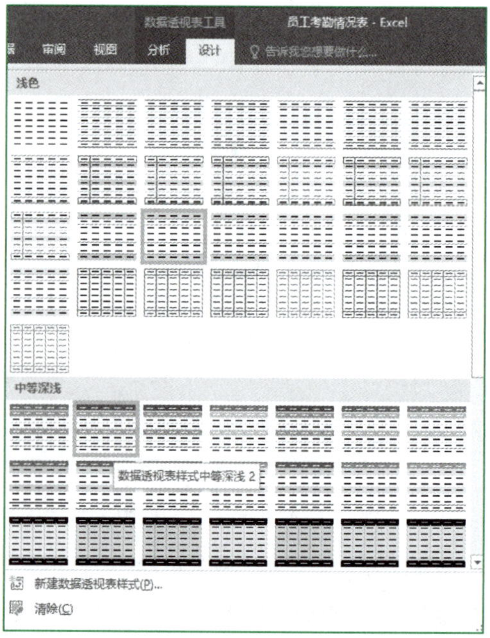

图 9-28　设置数据透视表样式

⑦ 将工作表"Sheet5"重命名为"2021 年上半年考勤情况数据透视表"，单击"保存"按钮保存工作簿文件，完成案例的制作，效果如图 9-1 所示。

笔 记

9.3 案例小结

守时是一种素养，更是一种美德。考勤的目的是为维护企业的正常工作秩序，提高办事效率，使员工自觉遵守工作时间和劳动纪律。

本案例通过分析员工考勤情况，讲解了 Excel 中的合并计算，Excel 数据分析中的排序、自动筛选、高级筛选和分类汇总、数据透视表创建等内容。在实际操作中，还需要注意以下问题：

1）Excel 的排序功能很强大，在"排序"对话框中隐藏着多个用户不熟悉的选项。

① 排序依据。排序依据除了默认的按"数值"排序以外，当单元格有背景颜色或单元格字体有不同颜色时，还可以按"单元格颜色""字体颜色"或者"单元格图标"进行排序，如图 9-29 所示。

② 排序选项。在"排序"对话框中做相应的设置，可完成一些非常规的排序操作，如"按行排序"或"按笔画排序"等。单击"排序"对话框中的"选项"按钮，可打开"排序选项"对话框，如图 9-30 所示。更改对话框的设置，即可实现相应的操作。

图 9-29 "排序依据"列表

图 9-30 "排序选项"对话框

2）筛选时要注意自动筛选与高级筛选的区别，根据实际要求选择适当的筛选形式进行数据分析。

● 自动筛选不用设置筛选的条件区域，高级筛选必须先设定条件区域。

● 自动筛选可实现的筛选效果，高级筛选也可以实现，反之则不一定。

● 对于多条件的自动筛选，各条件之间是"与"的关系。对于多条件的高级筛选，当筛选条件在同一行，表示条件之间是"与"的关系；当筛选条件不在同一行，表示条件之间是"或"的关系。

3）需要删除已设置的分类汇总结果时，可打开"分类汇总"对话框，单击"全部删除"按钮即可删除已建立的分类汇总。需要注意的是，删除分类汇总的操作是不可逆的，不能通过"撤销"命令恢复。

笔 记　　## 9.4　经验技巧

9.4.1　单个区域数据汇总求和

利用合并计算功能可以实现单个区域数据汇总求和。操作步骤如下：

打开素材文件夹中的工作簿文件"一二季度销售统计表.xlsx"，选择单元格 K2，切换到"数据"选项卡，单击"合并计算"按钮，打开"合并计算"对话框，保持"函数"栏中的"求和"不变，设置"引用位置"为单元格区域 A1:C21，在"标签位置"栏中选中"首行"和"最左列"复选框，如图 9-31 所示。单击"确定"按钮，即可快速实现第一季度销量按"产品类别"的汇总，如图 9-32 所示。

图 9-31　"合并计算"对话框

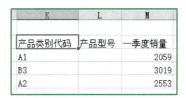

图 9-32　合并计算后的效果

9.4.2　对分类汇总后的汇总值排序

在实际操作中，经常会遇到要对分类汇总以后的汇总值进行排序的情况，如果直接进行排序会出现如图 9-33 所示的错误提示对话框。要避免此错误的出现，以本案例为例，要对各部门的汇总后的数据，按"迟到次数"从高到低进行排序，可进行如下的操作：

图 9-33
错误提示
对话框

① 在已完成分类汇总操作的"第一季度考勤（分类汇总）"表中，单击二级显示按钮，只显示考勤汇总情况，如图 9-34 所示。

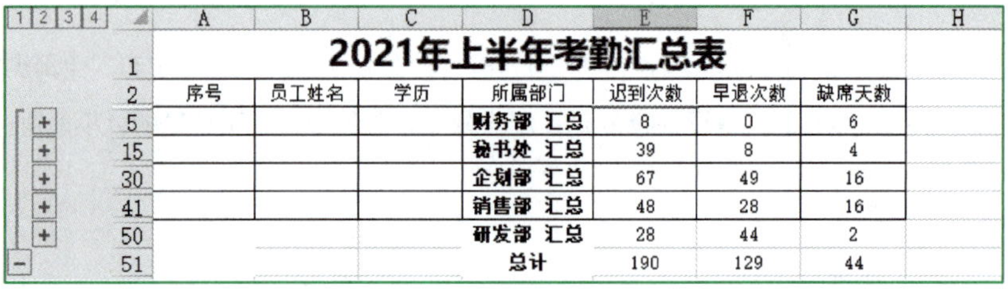

图 9-34
显示考勤
汇总情况

	序号	员工姓名	学历	所属部门	迟到次数	早退次数	缺席天数	
				财务部 汇总	8	0	6	
				秘书处 汇总	39	8	4	
				企划部 汇总	67	49	16	
				销售部 汇总	48	28	16	
				研发部 汇总	28	44	2	
				总计	190	129	44	

2021年上半年考勤汇总表

② 选择单元 E5，切换到"数据"选项卡，单击"排序和筛选"功能组中的"降序"按钮，即可实现汇总数据的排序，如图 9-35 所示。

1 2 3 4		A	B	C	D	E	F	G	H
	1				2021年上半年考勤汇总表				
	2	序号	员工姓名	学历	所属部门	迟到次数	早退次数	缺席天数	
	17				企划部 汇总	67	49	16	
	28				销售部 汇总	48	28	16	
	38				秘书处 汇总	39	8	4	
	47				研发部 汇总	28	44	2	
	50				财务部 汇总	8	0	6	
	51				总计	190	129	44	

图 9-35
按汇总值排序
后的效果

9.5 拓展练习

某公司销售部门主管大华拟对本公司产品前两季度的销售情况进行数据分析。打开素材文件夹中的工作簿文件"一二季度销售统计表.xlsx"，按下述要求完成统计工作：

① 复制"产品销售汇总表"，并将复制后的表格重命名为"产品销售汇总（排序）"，在新表格中按"产品类别代码"和"产品型号"升序、"一二季度总销售额"降序排序。

② 复制"产品销售汇总表"，并将复制后的表格重命名为"产品销售汇总（自动筛选）"，在新表格中筛选出"一季度销量"前 10 项中"一二季度销售总额"在"1000000"元以上的产品信息。

③ 复制"产品销售汇总表"，并将复制后的表格重命名为"产品销售汇总（高级筛选）"，在新表格中筛选出"一二季度销售总额"在"1000000"元以上或"总销售额排名"在前十的产品信息。

④ 复制"产品销售汇总表"，并将复制后的表格重命名为"产品销售（分类汇总）"，在新表格中依据"产品类别代码"汇总出"一二季度销售总额"的平均值，效果如图 9-36 所示（提示：因为表格套用了表样式，不能使用分类汇总功能，可以切换到"表格工具|设计"选项卡，单击"转换为区域"按钮，将数据区域进行转换，转换之后就可以用分类汇总）。

笔记

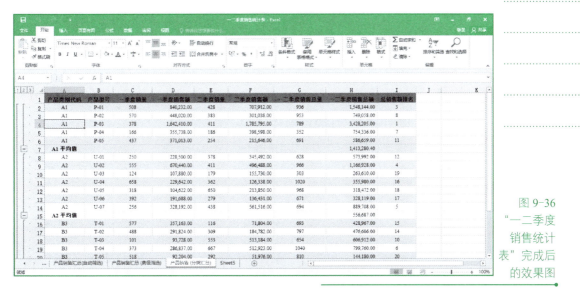

图 9-36
"一二季度
销售统计
表"完成后
的效果图

案例 10　制作销售奖金表

10.1　案例简介

10.1.1　案例需求与展示

某配件销售公司为提高员工销售积极性，现需要根据员工销售情况对员工进行奖励。具体要求如下：

① 在"销售情况表"中统计出"总利润"列的数据。

② 新建"销售奖金统计"工作表，输入基本字段，根据"销售情况表"中统计的"总利润"数据，统计出各员工的"销售总利润"。

③ 结合"销售奖励办法"表中的数据，根据各员工的"销售总利润"统计出员工的"奖励率""基本奖金"以及"总奖金"。

办公室秘书张兵利用 Excel 的数组与数组公式，很快解决了这个问题，效果如图 10-1 所示。

PPT：案例 10 制作销售奖金表

微课 10-1 案例简介

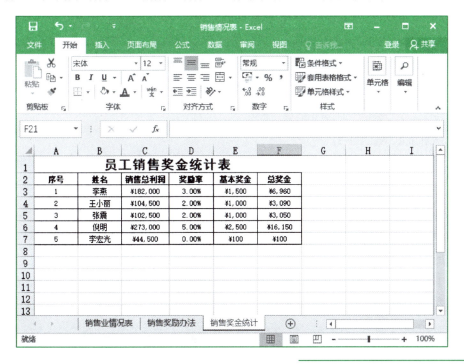

图 10-1 员工奖金表效果图

133

10.1.2 知识技能目标

本案例涉及的知识点主要有数组与数组公式的使用、SUM 和 LOOKUP 函数。

知识技能目标：

- 掌握 Excel 中数组与数组公式。
- 掌握在数组公式中使用 SUM 函数。
- 理解 LOOPUP 函数。

10.2 案例实现

10.2.1 使用数组公式

数组是由一个或多个元素按照行、列排列方式组成的集合，这些元素可以是文本、数值、逻辑值、日期、错误值等。

微课 10-2
使用数组
公式

笔 记

数组一般可以分为以下 3 种类型。

- 常量数组：构成数组的每一个元素都是常量，其中文本必须由一对半角双引号括起来。常量数组表示方法为用一对大括号"｛ ｝"将成数组的常量括起来，各常量数据之间用分隔符间隔。可以使用的分隔符包括半角分号"；"和半角逗号"，"，其中分号用于间隔按行排列的元素，逗号用于间隔按列排列的元素。例如：

｛90, "优秀";80, "良好";70, "中等";60, "及格";0, "不及格"｝

表示一个 5 行 2 列的常量数组，此数组中共有 5×2＝10 个元素组成。

- 区域数组：就是公式中对单元格区域的直接引用。例如：

=SUMPRODUCT(A2:A10*B2:B10)

SUMPRODUCT 函数的功能是返回相应的数组或区域乘积的和。此公式中的 A2:A10 与 B2:B10 都是区域数组。

- 内存数组：是指由公式计算返回的结果在内存中临时构成的，并且可以作为一个整体直接嵌套到其他公式中继续参与计算的数组。例如：

=MAX(10,ROW(1:10)+1)

此公式中 ROW(1:10)+1 得到的结果为｛2;3;4;5;6;7;8;9;10;11｝，是一个 10 行 1 列的数组，并作为一个整体在整个公式中继续参与计算。

数组公式可对一组或多组值执行多项运算，并返回单个或多个计算结果。数组公式必须按 Ctrl+Shift+Enter 组合键结束公式编辑，公式将自动包含于一对大括号"｛ ｝"中，当编辑数组公式时，大括号会自动消失，必须再次按该组合键才能将更改应用于数组公式。

为了有所区分，将输入公式后按 Enter 键结束编辑的公式称为"普通公式"，按 Ctrl+Shift+Enter 组合键结束编辑的公式称为"数组公式"。

本案例中要求统计"销售情况表"中的"总利润（元）"，首先需要求出每种产品的单个利润，然后再和数量相乘，即可得到总利润。使用数组公式可以很快完成，具体操作步骤如下：

① 打开素材文件夹中的“销售情况表.xlsx”工作簿文件，切换到“销售情况表”。

② 在单元格 I2 和 J2 中分别输入列标题“单个利润（元）”和“总利润（元）”，利用格式刷将这两个单元格格式设置与其他标题单元格格式相同，设置表格边框、合并标题行，效果如图 10-2 所示。

	A	B	C	D	E	F	G	H	I	J	K
1	员工销售基本情况表										
2	序号	姓名	销售产品	销售地点	销售日期	产品成本（元）	销售价格（元）	销售件数	单个利润（元）	总利润（元）	
3	1	李燕	光学折射镜	北京	2021年4月5日	¥2,000	¥2,500	8			
4	2	王小丽	光电接收机	广州	2021年4月8日	¥12,000	¥15,000	6			
5	3	张震	光电发射机	海口	2021年6月7日	¥12,500	¥15,000	4			
6	4	倪明	光纤放大器	上海	2021年3月28日	¥15,000	¥16,000	4			
7	5	李宏光	光波导放大器	南京	2021年5月26日	¥15,000	¥16,500	5			
8	6	李燕	短脉冲激光器	北京	2021年4月12日	¥25,000	¥40,000	10			
9	7	王小丽	全光网络系统	广州	2021年6月6日	¥45,000	¥50,000	5			
10	8	张震	光电探测仪	海口	2021年5月1日	¥14,500	¥20,000	1			
11	9	倪明	光学折射镜	上海	2021年6月2日	¥55,000	¥68,000	6			
12	10	李宏光	光电接收机	南京	2021年4月13日	¥13,000	¥15,000	2			
13	11	李燕	光电发射机	重庆	2021年4月17日	¥25,600	¥30,000	5			
14	12	王小丽	光纤放大器	海口	2021年4月5日	¥2,000	¥2,500	3			
15	13	张震	光波导放大器	上海	2021年4月8日	¥12,000	¥15,000	4			
16	14	倪明	短脉冲激光器	南京	2021年6月7日	¥12,500	¥15,000	5			
17	15	李宏光	全光网络系统	重庆	2021年3月28日	¥15,000	¥16,000	8			
18	16	李燕	光电探测仪	海口	2021年5月26日	¥15,000	¥16,500	4			
19	17	王小丽	飞秒激光器	上海	2021年4月12日	¥25,000	¥40,000	4			
20	18	张震	光学折射镜	广州	2021年4月8日	¥25,000	¥40,000	5			
21	19	倪明	光电传感器	重庆	2021年5月1日	¥14,500	¥40,000	7			
22	20	李宏光	光纤放大器	海口	2021年4月5日	¥55,000	¥60,000	5			
23											

图 10-2 输入列标题并设置边框后的效果

③ 选择单元格区域 I3:I22，并输入公式“=G3:G22-F3:F22”，如图 10-3 所示。

F3　=G3:G22-F3:F22

	A	B	C	D	E	F	G	H	I	J
1	员工销售基本情况表									
2	序号	姓名	销售产品	销售地点	销售日期	产品成本（元）	销售价格（元）	销售件数	单个利润（元）	总利润（元）
3	1	李燕	光学折射镜	北京	2021年4月5日	¥2,000	¥2,500	8	=G3:G22-F3:F22	
4	2	王小丽	光电接收机	广州	2021年4月8日	¥12,000	¥15,000	6		
5	3	张震	光电发射机	海口	2021年6月7日	¥12,500	¥15,000	4		
6	4	倪明	光纤放大器	上海	2021年3月28日	¥15,000	¥16,000	4		
7	5	李宏光	光波导放大器	南京	2021年5月26日	¥15,000	¥16,500	5		
8	6	李燕	短脉冲激光器	北京	2021年4月12日	¥25,000	¥40,000	10		
9	7	王小丽	全光网络系统	广州	2021年6月6日	¥45,000	¥50,000	5		
10	8	张震	光电探测仪	海口	2021年5月1日	¥14,500	¥20,000	1		
11	9	倪明	光学折射镜	上海	2021年6月2日	¥55,000	¥68,000	6		
12	10	李宏光	光电接收机	南京	2021年4月13日	¥13,000	¥15,000	2		
13	11	李燕	光电发射机	重庆	2021年4月17日	¥25,600	¥30,000	5		
14	12	王小丽	光纤放大器	海口	2021年4月5日	¥2,000	¥2,500	3		
15	13	张震	光波导放大器	上海	2021年4月8日	¥12,000	¥15,000	4		
16	14	倪明	短脉冲激光器	南京	2021年6月7日	¥12,500	¥15,000	5		
17	15	李宏光	全光网络系统	重庆	2021年3月28日	¥15,000	¥16,000	8		
18	16	李燕	光电探测仪	海口	2021年5月26日	¥15,000	¥16,500	4		
19	17	王小丽	飞秒激光器	上海	2021年4月12日	¥25,000	¥40,000	4		
20	18	张震	光学折射镜	广州	2021年4月8日	¥25,000	¥40,000	5		
21	19	倪明	光电传感器	重庆	2021年5月1日	¥14,500	¥40,000	7		
22	20	李宏光	光纤放大器	海口	2021年4月5日	¥55,000	¥60,000	5		

图 10-3 输入数组公式

④ 按 Ctrl+Shift+Enter 组合键即可看到被选择的单元格区域 I3:I22 同时计算出单个商品的利润。

⑤ 使用同样的方法，选择单元格区域 J3:J22，并输入公式“=H3:H22*I3:I22”，按 Ctrl+Shift+Enter 组合键，即可在所选区域显示每一条销售数据所产生的总利润。

⑥ 利用格式刷将单元格区域 I3:J22 单元格格式刷成与“产品成本（元）”列中的数据格式相同，如图 10-4 所示。

	A	B	C	D	E	F	G	H	I	J
1	员工销售基本情况表									
2	序号	姓名	销售产品	销售地点	销售日期	产品成本（元）	销售价格（元）	销售件数	单个利润（元）	总利润（元）
3	1	李燕	光学折射镜	北京	2021年4月5日	¥2,000	¥2,500	8	¥500	¥4,000
4	2	王小丽	光电接收机	广州	2021年4月8日	¥12,000	¥15,000	6	¥3,000	¥18,000
5	3	张震	光电发射机	海口	2021年6月7日	¥12,500	¥15,000	4	¥2,500	¥10,000
6	4	倪明	光纤放大器	上海	2021年3月28日	¥15,000	¥16,000	4	¥1,000	¥4,000
7	5	李宏光	光波导放大器	南京	2021年5月26日	¥15,000	¥16,500	5	¥1,500	¥7,500
8	6	李燕	短脉冲激光器	北京	2021年4月12日	¥25,000	¥40,000	10	¥15,000	¥150,000
9	7	王小丽	全光网络系统	广州	2021年6月6日	¥45,000	¥50,000	5	¥5,000	¥25,000
10	8	张震	光电探测仪	海口	2021年5月1日	¥14,500	¥20,000	1	¥5,500	¥5,500
11	9	倪明	光学折射镜	上海	2021年6月2日	¥55,000	¥68,000	6	¥13,000	¥78,000
12	10	李宏光	光电接收机	南京	2021年4月13日	¥13,000	¥15,000	2	¥2,000	¥4,000
13	11	李燕	光电发射机	重庆	2021年4月17日	¥25,600	¥30,000	5	¥4,400	¥22,000
14	12	王小丽	光纤放大器	海口	2021年4月5日	¥2,000	¥2,500	3	¥500	¥1,500
15	13	张震	光波导放大器	上海	2021年4月8日	¥12,000	¥15,000	4	¥3,000	¥12,000
16	14	倪明	短脉冲激光器	南京	2021年6月7日	¥12,500	¥15,000	5	¥2,500	¥12,500
17	15	李宏光	全光网络系统	重庆	2021年3月28日	¥15,000	¥16,000	8	¥1,000	¥8,000
18	16	李燕	光电探测仪	海口	2021年5月26日	¥15,000	¥16,500	4	¥1,500	¥6,000
19	17	王小丽	飞秒激光器	上海	2021年4月12日	¥25,000	¥40,000	4	¥15,000	¥60,000
20	18	张震	光学折射镜	广州	2021年4月8日	¥25,000	¥40,000	5	¥15,000	¥75,000
21	19	倪明	光电传感器	重庆	2021年5月1日	¥14,500	¥40,000	7	¥25,500	¥178,500
22	20	李宏光	光纤放大器	海口	2021年4月5日	¥55,000	¥60,000	5	¥5,000	¥25,000

图 10-4
数组公式计算结果

10.2.2 使用 SUM 函数

在员工销售基本情况表中，每一位员工销售产品不同，所产生的利润也不同，因此要统计各员工销售的总利润，可以通过 SUMIF 函数实现。若使用数组公式，操作更为简便。具体操作步骤如下：

① 双击“Sheet1”工作表标签，将其重命名为“销售奖金统计”。

② 在“销售奖金统计”工作表中输入如图 10-5 所示的内容，并设置表格边框与格式。

	A	B	C	D	E	F	G
1	员工销售奖金统计表						
2	序号	姓名	销售总利润	奖励率	基本奖金	总奖金	
3	1	李燕					
4	2	王小丽					
5	3	张震					
6	4	倪明					
7	5	李宏光					
8							

图 10-5
“销售奖金统计”工作表中输入的内容

③ 选择单元格 C3，在其中输入函数公式“=SUM((销售业情况表!$B$3:$B$22=B3)*销售业情况表!$J$3:$J$22)”。

④ 输入完成后，按 Ctrl+Shift+Enter 组合键即可计算出员工“李燕”的销售总利润。

⑤ 将鼠标移到单元格 C3 的右下角，利用填充句柄计算出其他员工的销售总利润，效果如图 10-6 所示。

	A	B	C	D	E	F	G
1	员工销售奖金统计表						
2	序号	姓名	销售总利润	奖励率	基本奖金	总奖金	
3	1	李燕	¥182,000				
4	2	王小丽	¥104,500				
5	3	张震	¥102,500				
6	4	倪明	¥273,000				
7	5	李宏光	¥44,500				
8							

图 10-6
数组公式计算结果

说明：数组公式“=SUM((销售业情况表!$B$3:$B$22=B3)*销售业情况表!$J$3:$J$22)”中“(销

售业情况表!$B$3:$B$22=B3)"为对数组元素求和的条件，"销售业情况表!$J$3:$J$22)"为 SUM 函数求和的区域。

•10.2.3 使用 LOOKUP 函数

每位员工的销售总利润统计完成后，需要根据每位员工的销售情况结合奖励办法统计出员工的"奖励率"和"基本奖金"。由于"奖励率"和"基本奖金"在"销售奖励办法"表中，引用时为防止出错，可以定义名称，使操作更为简便。具体操作步骤如下：

微果 10-3
使用
LOOKUP
函数

① 切换到"销售奖励办法"表，选择单元格区域 A3:B9。

② 切换到"公式"选项卡，单击"定义的名称"功能组中"定义名称"右侧的下拉按钮，从下拉列表中选择"定义名称"命令，打开"新建名称"对话框。

③ 在"名称"文本框中输入"奖励率"，"引用位置"保持默认值，如图 10-7 所示。

图 10-7
"新建名称"对话框

④ 单击"确定"按钮，此时名称"奖励率"创建完毕。

⑤ 按 Ctrl+F3 组合键，打开"名称管理器"对话框，如图 10-8 所示。单击"新建"按钮，打开"新建名称"对话框。

图 10-8
"名称管理器"对话框

⑥ 在"名称"栏中输入"基本奖金"，在"引用位置"编辑框中输入公式"={0,100;50000,500;100000,1000;150000,1500;200000,2000;250000,2500;300000,3000}"，如图 10-9 所示。

图 10-9
创建"基本奖金"

⑦ 单击"确定"按钮返回"名称管理器"对话框，再单击"关闭"按钮，名称创建完毕。

名称创建完成后，可以利用 LOOKUP 函数来计算每位员工的"奖励率"和"基本奖金"。

笔记

LOOKUP 函数功能：主要用于在查找范围内查询指定的查找值，并返回另一个范围内对应位置的值。LOOKUP 是数据查询速度最快的查询函数，在日常实际工作中，特别是数组公式、内存数组中应用广泛。

语法格式 1：LOOKUP(Lookup_value,Lookup_vector,Result_vector)

参数说明如下。

Lookup_value：查找值，可以使用单元格引用、常量数组和内存数组。

Lookup_vector：查找范围。

Result_vector：查找结果。

语法格式 2：LOOKUP(Lookup_value,Array)

参数说明如下。

Lookup_value：表示在数组中所要查找的数值。

Array：包含文本、数字或逻辑值的单元格区域，其值用于与 Lookup_value 进行比较。

具体操作步骤如下：

① 切换到"销售业绩汇总"工作表，选择单元格区域 D3:D7。

② 输入公式"=LOOKUP(C3:C7,奖励率)"，按 Ctrl+Shift+Enter 组合键即可计算出所有员工的"奖励率"。

③ 选择单元格区域 E3:E7。

④ 输入公式"=LOOKUP(C3:C7,基本奖金)"，按 Ctrl+Shift+Enter 组合键即可计算出所有员工的"基本奖金"，如图 10-10 所示。

图 10-10
使用 LOOKUP 函数计算后的结果

序号	姓名	销售总利润	奖励率	基本奖金	总奖金
		员工销售奖金统计表			
1	李燕	¥182,000	3.00%	1500	
2	王小丽	¥104,500	2.00%	1000	
3	张震	¥102,500	2.00%	1000	
4	倪明	¥273,000	5.00%	2500	
5	李宏光	¥44,500	0.00%	100	

注意：使用 LOOKUP 函数进行查找时，如需在查找范围内查找一个明确的值，查找范围必须升序排列；当需要查找一个不确定的值时，如查找一列或一行数据的最后一个值，查找范围并不需要严格地升序排列。

笔 记

10.2.4 计算总奖金

员工销售奖励的"总奖金"由"销售总利润"乘以"奖励率"再加上"基本奖金"得到，利用数组公式可以很快地计算出每位员工的"总奖金"。具体操作步骤如下：

① 切换到"销售业绩汇总"工作表。

② 选择单元格区域 F3:F7，并输入公式"=C3:C7*D3:D7+E3:E7"。

③ 按 Ctrl+Shift+Enter 组合键即可计算出所有员工的"总奖金"。

④ 利用格式刷，将"基本奖金"和"总奖金"列数据设置成与"销售总利润"列数据相同。

⑤ 保存工作簿，完成员工销售业绩汇总表的制作，效果如图 10-1 所示。

10.3 案例小结

本案例通过制作员工销售奖金表，讲解了 Excel 中数组与数组公式的使用。在实际操作中，还需要注意以下问题：

1）理解数组的维度和尺寸。当数组的元素只在一个方向上排列时，称为一维数组，根据方向又可分为垂直数组（只有一列的数组）和水平数组（只有一行的数组）。当数组同时包含行和列两个方向时，称为二维数组。数组的行数和列数代表其尺寸大小。

例如，单元格 A1:A10 可视为 10 行 1 列的垂直数组，ROW(1:10)是一个 10 行一列的垂直数组；单元格 A1:E1 可视为 1 行 5 列的水平数组，COLUMN(A:E)是一个 1 行 5 列的水平数组；单元格 A1:B5 可视为 5 行 2 列的二维数组。在 Excel 公式中，两个多维数组直接进行加、减、乘、除、乘幂、文本合并等多项运算时，若数组在同一方向上的尺寸一致，则元素之间执行一一对应的多项运算，否则，超出小尺寸数组范围的部分将返回#N/A 的错误提示。

2）使用数组公式时，由于操作不当可能会出现"不能更改数组的某一部分"的提示，此时表明该单元格中的公式为数组公式，并且是多单元格数组公式，即该数组公式为位于多个单元格中的数组公式。如果要修改多单元格数组公式，可以先对某个单元格中的数组公式进行修改，修改完毕后不能直接按 Enter 键，而是要按 Ctrl+Shift+Enter 组合键结束，Excel 会自动修改整个区域中的多单元格数组公式。

如果要删除多单元格数组公式，必须选择整个多单元格数组公式所覆盖的区域，然后删除。如果不能确定该数组公式的范围，可以用下面的方法：先选择某个包含数组公式的单元格，然后按 Ctrl+/快捷键；或者 F5 键，打开"定位"对话框，单击"定位条件"按钮，在弹出的"定位条件"对话框中选择"当前数组"选项，单击"确定"按钮；Excel 会自动选择多单元格数组公式所覆盖的区域，然后按 Delete 键删除即可。

3）使用多单元格数组公式在单元格区域中显示数组的方法，必须选择与公式中所使用的数组

笔 记 相同尺寸的单元格区域，否则将无法完整显示数组或显示错误值。

10.4 经验技巧

10.4.1 更改数组公式的规则

单击应用了数组公式的单元格是不能更改其内容的。需要更改数组公式时，可执行以下操作：

① 对于已输入数组公式的单个单元格，按 F2 键进行更改，之后按 Ctrl+Shift+Enter 组合键即可。

② 对于已输入多单元格数组公式的单元格，选择包含该公式的所有单元格，按 F2 键，然后遵循以下规则进行操作：

● 不能移动包含公式的单个单元格，但可以将所有单元格作为一个组移动，公式中的单元格引用将随这些单元格一起更改。若要移动它们，可选择所有单元格，按 Ctrl+X 组合键剪切，选择新位置，之后按 Ctrl+V 组合键粘贴即可。

● 不能删除数组公式中的单元格，但可以删除整个公式并重新开始。

● 不能向结果单元格块添加新单元格，但可以将新数据添加到工作表，然后展开公式，更改后按 Ctrl+Shift+Enter 组合键。

10.4.2 VLOOKUP 与 LOOKUP 函数的区别

VLOOKUP 与 LOOKUP 函数都可以精确查找和模糊查找，二者的区别如下：

① VLOOKUP 函数的使用相对于 LOOKUP 函数的使用要简单些。

② VLOOKUP 函数更常用，一般查找的内容大多是精确查找。LOOKUP 函数查询的内容可以是一部分，但是 VLOOKUP 函数的查询内容一般是完全一致的内容。

③ VLOOKUP 函数的使用范围是纵向查找引用的函数，从函数的解释可以知道，也就是只能列查询。LOOKUP 函数横向纵向都可以查询。

④ VLOOKUP 函数需要满足查找值在查找范围之前，LOOKUP 函数则不需要。

10.5 拓展练习

打开素材文件夹中的"员工 1 月份工资表.xlsx"工作簿文件，对工作表中的数据进行计算。具体要求如下：

① 在"原始工资表"中，利用数组公式计算出员工的"总工资"项（注：总工资＝基本工资＋岗位工资＋岗位补贴＋销售奖励－五险一金）。

② 将 Sheet1 工作表重命名为"1 月份工资发放表"，并在表中输入如图 10-11 所示的内容。

③ 根据员工的总工资统计每位员工交税的税率以及速算扣除数。个人工资总额超过 5000 的部分应缴纳个人所得税，个人所得税的计算方法为：个人所得税＝（总工资－免征额）×税率－速算扣除数，计算出员工的个人所得税。

④ 根据统计出的数据计算出员工实际发放的工资，效果如图 10-12 所示。

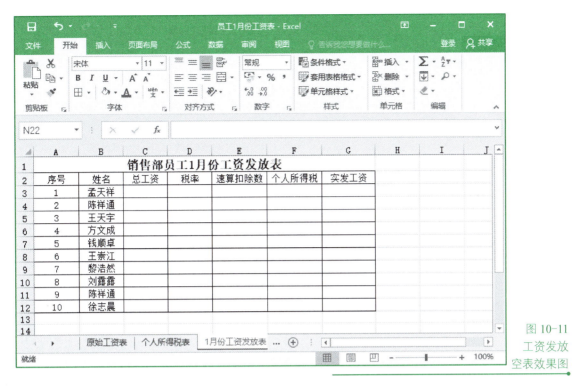

图 10-11
工资发放
空表效果图

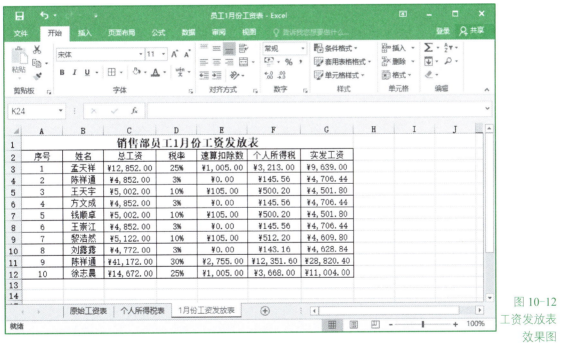

图 10-12
工资发放表
效果图

141

案例 11 制作创客学院演示文稿

PPT:案例11 制作创客学院演示文稿

11.1 案例简介

11.1.1 案例需求与展示

创客学院需要完成一场"创新创业教育的经验分享"专题报告，下面为报告的文稿。现通过分析明确逻辑制作工作汇报的演示文稿。

题目：创客学院：创新创业教育的经验分享

汇报背景：面临的挑战和机遇

挑战：创新创业的意义不明确；拔苗助长"创业热"风险高；创新创业服务资源分配不均衡；大数据的支撑供给不足。

机遇：国家的政策环境利好消息越来越多；各级地方政府采取扶持政策与措施；区域经济社会发展越来越好。

对策：抓住机遇，迎接挑战，锐意进取，改革创新，创新创业，专创融合。

一、创新创业大背景

十九大报告指出要加快建设创新型国家，加强国家创新体系建设，并明确要求优先发展教育事业，培养造就一大批具有国际水平的战略科技人才、科技领军人才、青年科技人才和高水平创新团队；鼓励创业带动就业，提供全方位公共就业服务，促进高校毕业生等青年群体、农民工多渠道就业创业。

全文提到热词：创新 59 次，教育 37 次，人才 14 次，创业 6 次。

2015 年全面深化高校创新创业教育改革；2017 年普及创新创业教育形成一批制度成果；2020 年建立健全创新创业教育体系。

转变一：由创新创业教育与专业教育两张皮，向专创融合的转变。

转变二：由注重知识传授，向注重创新精神、创业意识和创业能力培养的转变。

转变三：由单纯的面向有创新创业意愿的学生向全体学生的转变。

二、创客学院介绍

落实双创精神，提供双创平台。创客学院内设教学与讲师管理部、学生与活动管理部等机构，开设精英班、卓越班、国际班等专门强化训练班级，是对学生开展创新创业教育的重要载体和实践平台。

微课 11-1 案例简介

立足实战修炼，培养精英创客。面向全体在校大学生、社会人员等以培养创业意识、创业精神和创业能力为目标，以培育创新创业优秀人才和团队为根本任务，全面系统地开展创新创业教育、培训和实践。

三、创客招揽与素质提升

创客生源：多种生源，全年招生，精准招生，政策支持，全员发动。

就业创业：提高就业率，提高就业质量鼓励学生创业，打造创业基地。

创新创业是系统工程，创新创业教育贯穿教育教学的全过程。

（1）深化教育教学改革：创新人才培养模式，改革教学内容、方法和手段，课程改革。

（2）提高课堂教学质量：学情分析与课程标准把握结合，理论与实践结合、教与学结合、传统教法与信息化教学结合，学会与会学结合。

（3）实践创新能力提升：开放实训室，技能大赛，第二课堂，大学生创新创业基地等。

（4）其他还有：思想道德素质，职业素养、人文素质，身体和心理素质等。

四、课程体系与平台应用

1. 校企联合 共建"三层递进"双创课程体系

双创意识启蒙教育：创新创业教育与通识教育相融合；双创实践强化教育：创新创业教育与专业教育相融合；双创精英专门教育：创新创业教育与专门教育相融合。

2. 专创结合 构建"四位一体"双创实践平台

具体措施包括做专实习实训项目、做精科技创新项目、做优大创计划项目和做亮双创大赛项目。

3. 社会服务 加强课程团队建设，积极发挥平台作用

科研队伍建设：学校、院系二级管理，专职科研人员队伍和团队建设亟待加强。

发挥平台作用：省级平台为载体，带动辐射其他科研项目和队伍。

加大社会培训力度：每个院系都要有社会培训实例，培训项目和培训人次要逐年递增。

五、搭建双创孵化基地

学校层面构建众创空间，二级学院层面各显所长、各显神通：食品学院建立烘焙工坊，药学院建立老百姓大药房，制药学院建立制药药妆，酒店学院建立食苑宾馆，财贸学院建立智慧物流园，健康学院建立中医养生馆，机电工程学院建立智造体验中心，信息工程学院建立食药文创空间。校外园区层面在留学生创业园、猪八戒创意产业园、软件园、大学科技园、清城创意谷等都构建了双创孵化基地。

六、取得主要成效展示

在产品输出方面，开发多项产品进入市场，展会平台推荐；在持续助力方面，响应政策号召，提供后续技术支持与市场顾问服务。在企业培育方面，培育江苏省科技型中小企业多家，取得优异成绩。

依据本案设计，实现的页面效果如图 11-1 所示。

(a) 封面

(b) 挑战

(c) 策略

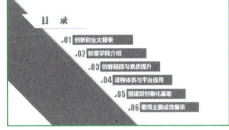

(d) 目录

(e) 内容页

(f) 封底页

图 11-1
本案例最终实现效果

11.1.2 知识技能目标

本案例涉及的知识点主要有 PPT 的逻辑设计、PPT 页面设置、插入文本框、插入图片、插入形状。

知识技能目标：

- PPT 页面的设置。

- 插入文本及设置文本。

- 插入图片的方法与图文混排的方法。

- 插入形状及设置格式。

- 了解图文混排的 CRAP 原则。

11.2 案例实现

本演示文稿主要采用了扁平化的设计，案例中主要应用了页面设置，插入与设置文本、图片、形状等元素，实现图文混排。

微课 11-2
PPT 框架
设计

11.2.1 PPT 框架设计

本案例可以采用说明式框架结构，如图 11-2 所示。

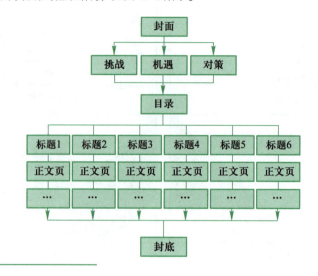

图 11-2
案例 PPT 框架图

11.2.2 PPT 页面草图绘制

微果 11-3
页面草图
绘制

整个页面的布局结构草图如图 11-3 所示。

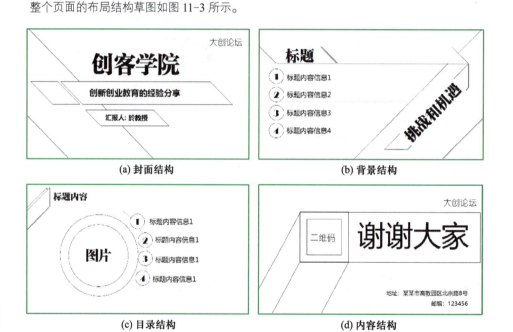

图 11-3
页面结构
草图绘制

11.2.3 创建文件并设置幻灯片大小

微果 11-4
PPT 页面
设置

单击"开始"按钮，在"开始"菜单中选择"Microsoft Office 2016" → "PowerPoint 2016"命令，启动 PowerPoint 2016，新建一个演示文稿文档，如图 11-4 所示。

选择"文件" → "另存为"命令，将文件保存为"创新创业教育的经验分享.pptx"。

图 11-4
PowerPoint 2016
工作界面

选择"设计"选项卡，在"设计"功能组中单击"幻灯片大小"下拉按钮，在弹出的下拉列表中选择"自定义幻灯片大小"命令，如图 11-5 所示，打开"幻灯片大小"对话框，设置宽度为 40 厘米，高度为 22.5 厘米，如图 11-6 所示。

笔 记

图 11-5 "自定义幻灯片大小"命令

图 11-6 "幻灯片大小"对话框

注意：根据具体情况来调整幻灯片比例，例如，需要展示的是一块 6∶1 的宽数字屏幕，则可以在"幻灯片大小"对话框中自定义宽度为 60 厘米、高度为 10 厘米，或者宽度为 120 厘米、高度为 20 厘米。

11.2.4 封面页的制作

依据图 11-3 所示页面结构分析设计中"封面结构"的设计，封面设计的重点是插入形状并编辑。具体操作步骤如下：

① 切换到"插入"选项卡，单击"插图"功能组中的"形状"按钮，在弹出的下拉列表框中选择"矩形"栏中的"矩形"选项，如图 11-7 所示，在页面中拖动鼠标绘制一个矩形，如图 11-8 所示。

微课 11-5
封面页的
制作

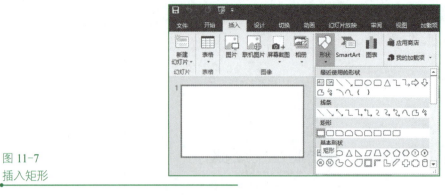

图 11-7
插入矩形

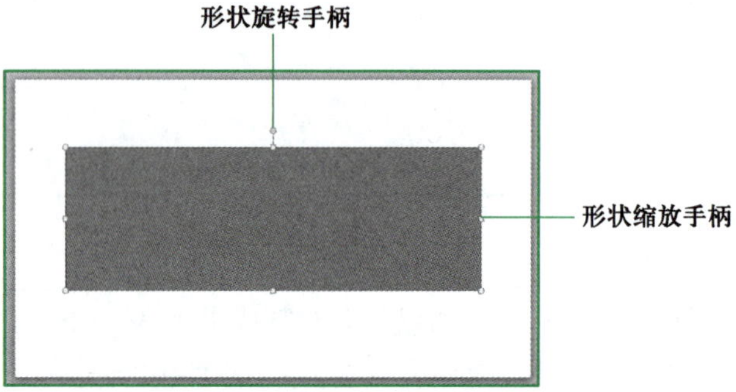

形状旋转手柄

形状缩放手柄

图 11-8
插入矩形
后的效果

② 双击矩形，切换至"绘图工具|格式"选项卡，如图 11-9 所示。

图 11-9
"绘图工具|
格式"选项卡

③ 单击"形状样式"功能组中的"形状填充"按钮，弹出"形状填充"下拉菜单，如图 11-10 所示，选择"其他填充颜色"命令，打开"颜色"对话框，切换到"自定义"选项卡，设置矩形框的填充颜色的"色彩模式"为"RGB"，设置红色为"10"、绿色为"86"、蓝色为"169"，如图 11-11 所示，设置完成后的矩形效果如图 11-12 所示。

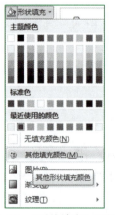

图 11-10 "形状填充"下拉菜单

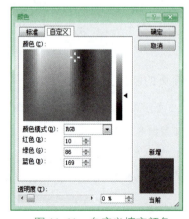

图 11-11 自定义填充颜色

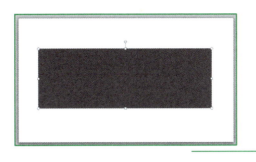

图 11-12
填充后矩形效果

④ 单击"形状轮廓"按钮，弹出"形状轮廓"下拉菜单，如图 11-13 所示，选择"无轮廓"命令，清除矩形框的边框效果。

笔 记

⑤ 选择刚绘制的矩形，单击绿色的"形状旋转手柄"图标，顺时针旋转 45°，同时调整矩形框的位置，效果如图 11-14 所示。

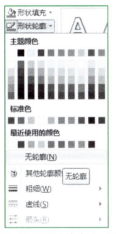

图 11-13 设置形状轮廓为"无轮廓"

图 11-14 旋转矩形框后的效果

⑥ 切换到"插入"选项卡，单击"插图"功能组中的"形状"按钮，在弹出的下拉列表框中选择"矩形"栏中的"平行四边形"选项，在页面中拖动鼠标绘制一个平行四边形，形状填充为橙色，调整大小与位置，效果如图 11-15 所示。

⑦ 双击平行四边形，切换至"绘图工具|格式"选项卡，单击"排列"功能组中的"旋转"按钮，在弹出的下拉菜单中选择"水平翻转"命令，如图 11-16 所示。

图 11-15 插入平行四边形

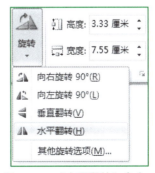

图 11-16 "水平翻转"命令

⑧ 调整橙色平行四边形的位置，如图 11-17 所示。采用同样的方法，在页面中再次绘制一个

平行四边形，形状填充为浅灰色，调整大小与位置，如图 11-18 所示。

图 11-17　调整后的橙色平行四边形

图 11-18　新插入灰色平行四边形后的效果

⑨ 双击灰色的平行四边形，切换至"绘图工具|格式"选项卡，如图 11-9 所示，单击"形状效果"按钮，在弹出的下拉菜单中选择"阴影"级联菜单中的"偏移：右下"选项，如图 11-20 所示。

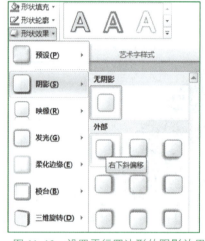
图 11-19　设置平行四边形的阴影效果

图 11-20　平行四边形设置阴影后的效果

⑩ 切换到"插入"选项卡，单击"文本"功能组中的"文本框"按钮，在弹出的下拉列表框中选择"横排文本框"命令，输入文本"十三五期间学校发展的几个重要问题"，在"开始"选项卡中设置字体为"微软雅黑"、大小为"36"、加粗、深蓝色，如图 11-21 所示，设置后的效果如图 11-22 所示。

图 11-21　设置文字的格式

图 11-22　添加文字标题后的效果

⑪ 采用同样的方法，输入文本"2019"，设置字体为"Broadway"、大小为"130"、深蓝色，效果如图 11-23 所示。

150

⑫ 采用同样的方法，插入新的平行四边形及文本，效果如图 11-24 所示。

图 11-23 添加文字后的效果　　　图 11-24 添加新的图形与文字后的效果

⑬ 在右上角添加文字"西湖论坛"，设置字体为"幼圆"、大小为"36"、深蓝色，效果如图 11-1（a）所示。

● 11.2.5 目录页的制作

目录页的设计与封面基本相似，具体步骤如下：

① 复制封面页，删除多余内容，效果如图 11-14 所示，然后复制矩形框，设置填充色为浅蓝色，效果如图 11-25 所示。选择复制的浅蓝色矩形框，右击，在弹出的快捷菜单中选择"置于底层"命令，调整矩形的位置，效果如图 11-26 所示。

微课 11-6
目录页的
制作

图 11-25 复制并设置矩形框的填充色　　图 11-26 调整矩形框后的效果

📝 笔记

② 复制封面页中的浅灰色矩形框，调整大小与位置，插入文本"目录"，在"开始"选项卡中设置字体为"方正粗宋简体"、大小为"36"、深蓝色，效果如图 11-27 所示。

③ 切换到"插入"选项卡，单击"插图"功能组中的"形状"按钮，在弹出的下拉菜单中选择"基本形状"栏中的"三角形"选项，在页面中拖动鼠标绘制一个三角形，形状填充为深蓝色，调整大小与位置；插入横排文本框，输入文本"01"，设置字体为"Impact"、大小为"36"、深蓝色；继续插入深蓝色的矩形框与文本"师资队伍建设"，效果如图 11-28 所示。

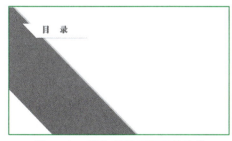

图 11-27 添加目录标题后的效果　　图 11-28 添加目录内容后的效果

④ 复制"师资队伍建设"内容，修改序号与目录内容，效果如图 11-1（d）所示。

● 11.2.6 内容页的制作

内容页面主要包含 6 个方面，效果如图 11-29 所示。

微课 11-7
内容页的
制作

(a) 双创背景页面

(b) 学院介绍页面

(c) 创客素质页面

(d) 课程体系页面

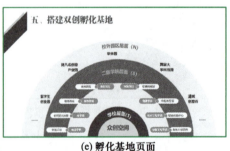

(e) 孵化基地页面

(f) 主要成效页面

图 11-29
内容页面的
最终实现效果

内容页面中基本都使用了图形与文本的组合来完成设计，这与封面与目录页面效果相似；此外，在图 11-29（a）与图 11-29（c）中主要还运用了图片。下面以图 11-29（c）为例介绍内容页面的实现过程，具体操作步骤如下：

① 切换到"插入"选项卡，单击"插图"功能组中的"形状"按钮，在弹出的下拉列表框中选择"基本形状"栏中的"平行四边形"选项，在页面中拖动鼠标绘制一个平行四边形，形状填充为深蓝色，边框设置为"无边框"，旋转并调整大小与位置，再复制平行四边形，填充浅蓝色；插入文本"三、学生素质提升工程"，在"开始"选项卡中设置字体为"方正粗宋简体"、大小为"36"、深蓝色，效果如图 11-30 所示。

② 切换到"插入"选项卡，单击"插图"功能组中的"形状"按钮，在弹出的下拉列表框中选择"基本形状"栏中的"椭圆"选项，按 Shift 键，在页面中鼠标拖动绘制一个圆形，形状填充为淡蓝色，边框设置为"无边框"，效果如图 11-31 所示。

图 11-30 添加平行四边形与文本

图 11-31 添加圆形后的效果

③ 切换到"插入"选项卡，单击"图像"功能组中的"图片"按钮，打开"插入图片"对话框，选择素材文件夹中的"学生.png"图片，如图 11-32 所示，调整图片的大小与位置，效果如图 11-33 所示。

图 11-32
"插入图片"对话框

图 11-33
插入图片后的效果

④ 其余的效果主要是插入图形与文字，在此不再赘述，最终页面效果如图 11-29（c）所示。

• 11.2.7 封底页的制作

依据图 11-3 页面结构分析设计中"封底结构"的设计，封底设计的重点是形状、图片与文字的混排。由于前面已经介绍了图形的插入、文字的设置、图片的插入，在此只做简单的步骤介绍。

① 使用插入图形的方法插入两个平行四边形，如图 11-34 所示，然后插入浅蓝色的正方形与浅灰色的矩形，如图 11-35 所示。

微课 11-8
封底页的
制作

图 11-34　插入平行四边形

图 11-35　插入两个矩形

② 为了增加立体感，在两个平行四边形交界的地方绘制白色的线条，如图 11-36 所示，插入素材文件夹中的"二维码.png"图片，如图 11-37 所示。

图 11-36　线条的应用

图 11-37　插入二维码图片后的效果

③ 插入其他文本内容，最终效果如图 11-1（f）所示。

11.3　案例小结

本案例通过一份专题报告演示文稿的制作，介绍了 PPT 页面设置以及插入文本、图片、形状的方法，并通过文本及图形编辑达到所需的效果。

11.4　经验技巧

11.4.1　PPT 文字的排版与字体巧妙使用

PPT 中文字的应用要主次分明。在内容方面，呈现主要的关键词、观点即可；在文字排版方面，行距最好控制在 125%～150%之间。

微课 11-9
字体的
使用

在西文的字体分类方法中，一般将字体分为衬线字体和无衬线字体两类，实际上这对于汉字的字体分类也是适用的。

（1）衬线字体

衬线字体在笔画开始和结束的地方有额外的装饰，而且笔画的粗细有所不同。文字细节较复杂，较注重文字与文字的搭配和区分，在纯文字的 PPT 中使用效果较好。

常用的衬线字体有宋体、楷书、隶书、粗倩、粗宋、舒体、姚体、仿宋等，如图 11-38 所示。使用衬线字体作为页面标题时，可以给人以优雅、精致的感觉。

图 11-38
衬线字体

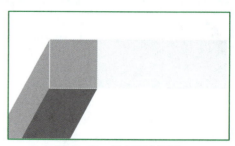

（2）无衬线字体

无衬线字体笔画没有装饰，笔画粗细接近，文字细节简洁，字与字的区分不是很明显。相对衬线字体的手写感，无衬线字体的人工设计感比较强，时尚而有力量，稳重又不失现代感。无衬线字体更注重段落与段落、文字与图片的配合区分，在图表类型的 PPT 中表现较好。

常用的无衬线体有黑体、微软雅黑、幼圆、综艺简体、汉真广标、细黑等，如图 11-39 所示。使用无衬线字体作为页面标题时，给人以简练、明快、爽朗的感觉。

图 11-39
无衬线字体

（3）书法体

书法字体就是书法风格的字体。传统书法体主要有行书字体、草书字体、隶书字体、篆书字体和楷书字体五大类。在每一大类中又细分若干小的门类，如篆书又分大篆、小篆，楷书又分魏碑、唐楷，草书又分章草、今草、狂草等。

PPT 常用的书法体有苏新诗柳楷体、迷你简启体、迷你简祥隶、叶根友毛笔行书等，如图 11-40 所示。书法字体常被用在封面、片尾，用来表达传统文化或富有艺术气息的内容。

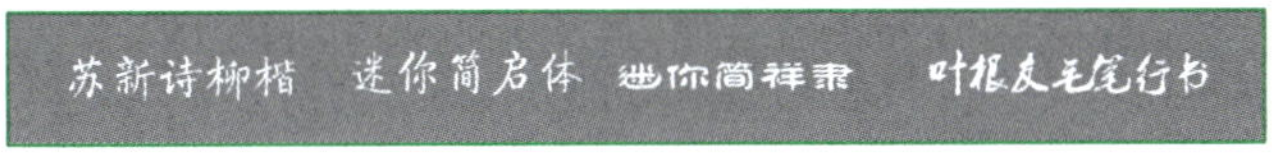

图 11-40
书法字体

（4）字体的经典组合体

经典搭配 1：方正综艺体（标题）+微软雅黑（正文）。此搭配适合进行课题汇报、咨询报告、学术报告等正式场合，如图 11-41 所示。

方正综艺体有足够的分量，微软雅黑足够饱满，两者结合能让画面显得庄重、严谨。

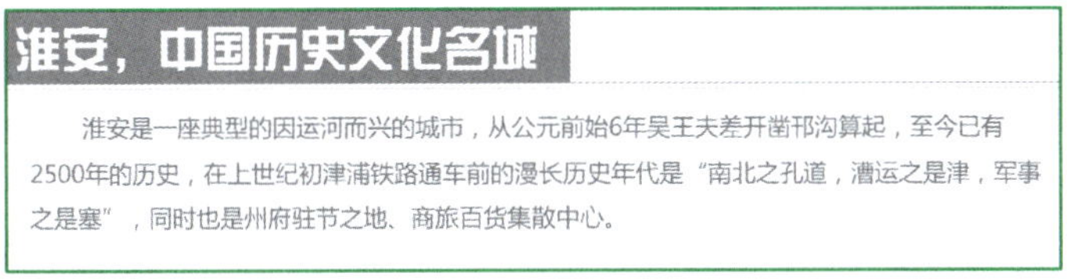

图 11-41
方正综艺体（标题）
+微软雅黑（正文）

经典搭配 2：方正粗宋简体（标题）+微软雅黑（正文）。此搭配适合使用在会议之类的严肃场合，如图 11-42 所示。

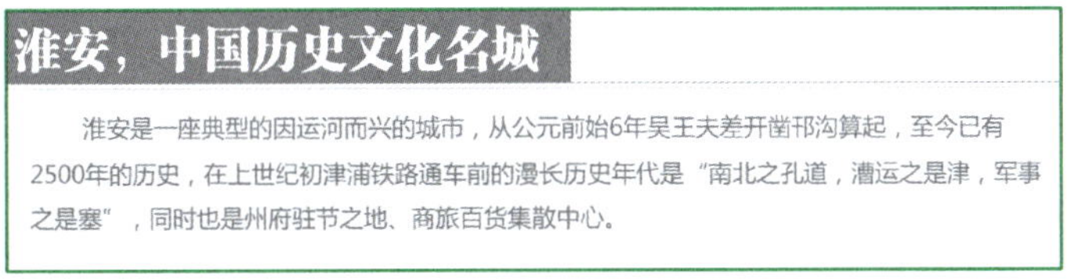

图 11-42
方正粗宋简体（标题）
+微软雅黑（正文）

方正粗宋简体是会议场合使用的字体，庄重严谨、铿锵有力，显示了一种威严与规矩。

经典搭配 3：方正粗倩简体（标题）+微软雅黑（正文）。此搭配适合使用在企业宣传、产品展示之类场合，如图 11-43 所示。

方正粗倩简体不仅有分量，而且有几分温柔与洒脱，让画面显得足够鲜活。

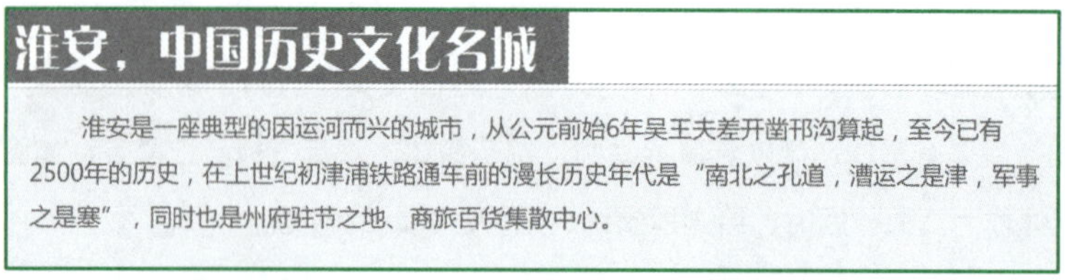

图 11-43
方正粗倩体（标题）+微软雅黑（正文）

淮安，中国历史文化名城

淮安是一座典型的因运河而兴的城市，从公元前始6年吴王夫差开凿邗沟算起，至今已有2500年的历史，在上世纪初津浦铁路通车前的漫长历史年代是"南北之孔道，漕运之是津，军事之是塞"，同时也是州府驻节之地、商旅百货集散中心。

经典搭配 4：方正卡通简体（标题）+微软雅黑（正文）。此搭配适合于卡通、动漫、娱乐等活泼一点的场合，如图 11-44 所示。

方正卡通简体轻松活泼，能增加画面的生动感。

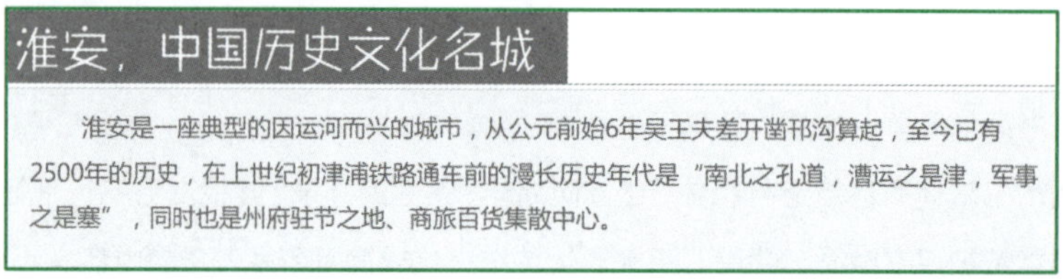

图 11-44
方正卡通简体（标题）+微软雅黑（正文）

淮安，中国历史文化名城

淮安是一座典型的因运河而兴的城市，从公元前始6年吴王夫差开凿邗沟算起，至今已有2500年的历史，在上世纪初津浦铁路通车前的漫长历史年代是"南北之孔道，漕运之是津，军事之是塞"，同时也是州府驻节之地、商旅百货集散中心。

此外，还可以使用微软雅黑（标题）+楷体（正文）、微软雅黑（标题）+宋体（正文）等搭配。

11.4.2　图片效果的应用

微课 11-10
图片效果的应用

PPT 有强大的图片处理功能，下面简单介绍其中的一些常用功能。

（1）图片相框效果

PPT 在图片样式中提供了一些精美的相框，具体操作方法如下：

打开 PowerPoint 2016，插入素材图片"晨曦.jpg"，切换到"图片工具|格式"选项卡，单击"图片样式"功能组中的"图片边框"按钮，设置边框颜色为"白色"，边框粗细为"6 磅"；再单击"图片效果"按钮，设置"阴影"效果为"偏移：中"，如图 11-45 所示。复制图片并进行移动与旋转，最终效果如图 11-46 所示。

图 11-45　设置"图片效果"为"偏移：中"

图 11-46　相框效果

（2）图片映像效果

图片的映像效果是立体化的一种体现，运用映像效果，可以给人更加强烈的视觉冲击。具体操作方法如下：

选中图片（素材文件"化妆品.jpg"），切换到"图片工具|格式"选项卡，单击"图片样式"功能组中的"图片效果"按钮，在弹出的下拉列表中选择"映像"命令，然后选择"紧密映像：4磅偏移量"选项，如图11-47所示，设置恰当的距离与映像适中即可，效果如图11-48所示。

笔 记

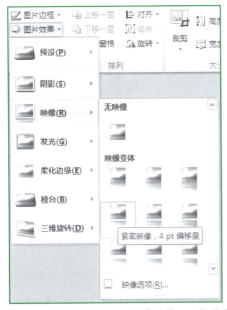

图11-47　设置"图片效果"为"紧密映像：4磅 偏移量"　　图11-48　映像效果

也可以右击图片，在弹出的快捷菜单中选择"设置图片格式"命令，在弹出的"设置图片格式"窗格中对映像的透明度、大小等细节进行设置。

（3）快速实现三维效果

图片的三维效果是图片立体化最突出的表现形式，具体操作方法如下：

选中图片（素材文件"啤酒.jpg"），切换到"图片工具|格式"选项卡，单击"图片样式"功能组中的"图片效果"按钮，在弹出的下拉列表中选择"三维旋转"级联菜单中"透视"栏中的"右透视"命令。再右击所选择图片，在弹出的快捷菜单选择"设置图片格式"命令，打开"设置图片格式"窗格，在"三维旋转"栏中设置X轴旋转320°，如图11-49所示，再设置"映像"效果，最终效果如图11-50所示。

（4）利用裁剪实现个性形状

在PPT中插入图片的形状一般是矩形，通过裁剪功能可以将图片更换成任意的自选形状，以适应多图排版。具体操作方法如下：

双击素材图片"晨曦.jpg"，切换到"图片工具|格式"选项卡单击"大小"功能组中的"裁剪"按钮，在弹出的下拉列表中选择"纵横比"的比例为"1：1"，调整位置，可以将图片裁剪为正方形。

笔 记

图 11-49 "设置图片格式"窗格

图 11-50 三维效果

切换到"图片工具|格式"选项卡单击"大小"功能组中的"裁剪"按钮，在弹出的下拉列表中选择"裁剪为形状"级联菜单中的"泪滴形"选项，如图 11-51 所示，裁剪后的效果如图 11-52 所示。

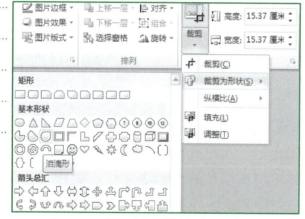

图 11-51 设置"裁剪形状"为"泪滴形"

图 11-52 裁剪后的效果

（5）形状的图片填充

如果要将图片裁剪为特殊形状时，可以先"绘制图形"，然后再以"填充图片"的方式来实现。需要注意的是，绘制的图形和将要填充图片的长宽比务必保持一致，否则会导致图片扭曲变形，从而影响美观。图片填充的效果如图 11-53 所示。选择图形并右击，在弹出的快捷菜单中选择"设置图片格式"命令，打开"设置图片格式"窗格，在"填充"栏中选中"图片或纹理填充"单选按钮，在"插入图片来自"下方单击"文件"按钮，选择要插入的图片即可，如图 11-54 所示。

插入完成后，还可以设置其他相关的参数，或根据需要进行调整。

图 11-53 图片填充后的效果

图 11-54 设置填充方式

（6）给文字填充图片

为了使标题文字更加美观，还可以将图片填充到文字内部，具体方法与形状填充相似，效果如图 11-55 所示。

图 11-55
图片填充文本后的效果

11.4.3 多图排列技巧

当一页 PPT 中有天空与大地两幅图片时，把天空图片放到大地图片的上方，会显得整个页面更加协调，如图 11-56 所示。当一页 PPT 中有两幅大地图片时，如果两张图片中的地平线在同一直线上，则两张图片看起来就像一张图片一样，会显得和谐很多，如图 11-57 所示。

微课 11-11
多图排列技巧

大地在上，蓝天在下，不合常理　　　　　　天为上，地为下，和谐自然

图 11-56
天空图片在大地图片之上

地平线错开
视觉不协调

地平线一致
视觉更舒服

图 11-57
两幅大地图片
的地平线在一
条直线上

对于多张人物图片，将人物的眼睛置于同一水平线上时，看起来会很舒服。这是因为在面对一个人时一定是先看其眼睛，当这些人物的眼睛处于同一水平线时，视线在各图片间移动是平稳流畅的，如图 11-58 所示。

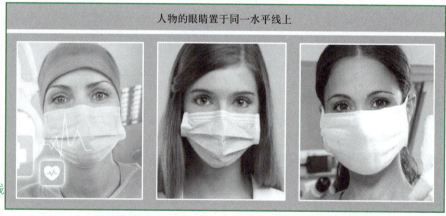

图 11-58
多个人物的视线
在一条线上

另外，观众视线的移动实际是随着图片中人物视线的方向的，所以，处理好图片中人物与 PPT 内容的位置关系非常重要，如图 11-59 所示。

图 11-59
PPT 内容在人物
视线的方向

单个人物与文字排版时，人物的视线应向着文字方向；使用两幅人物图片时，两人视线相对，可以营造和谐的氛围。

11.4.4 PPT 界面设计的 CRAP 原则

CRAP 是著名设计师罗宾·威廉斯提出的四项基本设计原则，可以概括为 Contrast（对比）、Repetition（重复）、Alignment（对齐）、Proximity（亲密性）。

例如，原 PPT 如图 11-60 所示。首先运用"方正粗宋简体（标题）+微软雅黑（正文）"的字体搭配，效果如图 11-61 所示。

微课 11-12
PPT 界面
设计的
CRAP 原则

图 11-60
原页面效果

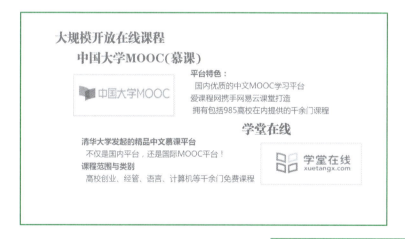

图 11-61
使用"粗宋+微软
雅黑"后的效果

下面介绍运用 CRAP 原则修改该 PPT 界面的具体操作。

（1）亲密性（Proximity）

原则：彼此相关的项应当靠近，使它们成为一个视觉单元，而不是散落的孤立元素，从而减少混乱。要有意识地注意读者（自己）是怎样阅读的，视线怎样移动，从而确定元素的位置。

目的：实现元素的组织紧凑，使页面留白更美观。

实现：微眯眼睛，统计页面同类紧密相关的元素，依据逻辑相关性归组合并。

注意：不要只为有页面留白就把元素放在角落或者中部，避免一个页面上有太多孤立的元素；不要在元素之间留置同样大小的空白，除非各组同属于一个子集，不属一组的元素之间不要建立紧凑的群组关系。

本案例优化：案例中包含 3 层意思，标题为"大规模开放在线课程"，其下包含了"中国大学 MOOC（慕课）"平台介绍和"学堂在线"平台介绍两个内容。根据"亲密性"原则，把相关联的信息互相靠近。注意：在调整内容时，标题为"大规模开放在线课程"与"中国大学 MOOC（慕课）"，以及"中国大学 MOOC（慕课）"与"学堂在线"之间的间距要相等，而且间距一定要拉开，让浏览者清楚地感觉到这个页面分为 3 个部分，效果如图 11-62 所示。

图 11-62
运用"亲密性"原则修改后的效果

（2）对齐（Alignment）

原则：任何东西都不能在页面上随意摆放，每个素材都与页面上的另一个元素有某种视觉联系（如并列关系），可建立一种清晰、精巧且清爽的外观。

目的：使页面统一而且有条理，不论创建精美、正式、有趣还是严肃的外观，通常都可以利用一种明确的对齐来达到目的。

实现：要特别注意元素放在哪里，应当总能在页面上找出与之对齐的元素。

问题：要避免在页面上混合使用多种文本对齐方式，尽量避免居中对齐，除非有意创建一种比较正式稳重的表示。

本案例优化：运用"对齐"原则，将"大规模开放在线课程"与"中国大学 MOOC（慕课）""学堂在线"内容对齐，将"中国大学 MOOC（慕课）"和"学堂在线"中的图片做左对齐，将"中国大学 MOOC（慕课）"和"学堂在线"的内容左对齐，将图片与内容顶端对齐，最终达到清晰、精巧、清爽的外观效果，如图 11-63 所示。

技巧：在实现对齐的过程中，可以使用"视图"选项卡"显示"功能组中的"标尺""网格线""参考线"等来辅助对齐，如图 11-63 所示的虚线就是"参考线"。也可以使用"开始"选项卡"绘图"功能组中的"排列"，实现元素的"左对齐""右对齐""左右居中""顶端对齐""底端对齐"或"上下居中"，此外，还可以使用"横向分布"与"纵向分布"实现各个元素的等间距分布。

图 11-63
运用"对齐"原则修改后的效果

（3）重复（Repetition）

原则：当设计中的视觉要素在整个作品中重复出现时，可以重复颜色、形状、材质、空间关系、线宽、字体和大小等，即可增加条理性。

目的：统一并增强视觉效果，如果一个作品看起来很统一，往往更易于阅读。

实现：为保持并增强页面的一致性，可以增加一些纯粹为建立重复而设计的元素；或创建新的重复元素，来增加设计的效果并提高信息的清晰度。

问题：要避免太多地重复一个元素，要注意对比的价值。

本案例优化：在本例中将"大规模开放在线课程""中国大学 MOOC（慕课）"和"学堂在线"标题文本字体加粗，或者更换颜色；在两张图片左侧添加相同的"橙色"矩形条；将两张图片的边框修改为"橙色"；在"中国大学 MOOC（慕课）"和"学堂在线"的同样位置添加一条虚线；在"中国大学 MOOC（慕课）"与"学堂在线"文本前方添加图标，如图 11-64 所示。通过这些调整将"中国大学 MOOC（慕课）"与"学堂在线"的内容更加紧密地联系在了一起，很好地加强了版面的条理性与统一性。

笔 记

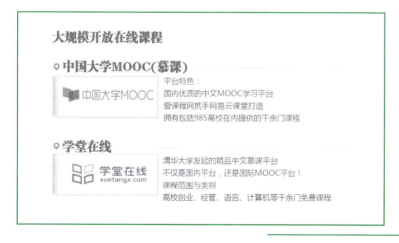

图 11-64
运用"重复"原则修改后的效果

（4）对比（Contrast）

笔记

原则：在不同元素之间建立层级结构，让页面元素具有截然不同的字体、颜色、大小、线宽、形状、空间等，从而增加版面的视觉效果。

目的：增强页面效果，有助于重要信息的突出。

实现：通过字体选择、线宽、颜色、形状、大小、空间等来增加对比；对比一定要强烈。

问题：设计者容易犹豫，即不敢加强对比；注意如果要形成对比，就需要加强对比。

本案例优化：将标题文字"大规模开放在线课程"再次放大，还可以将标题增加色块衬托，更换标题的文字颜色，如修改为白色等。将"中国大学 MOOC（慕课）"中"平台特色："标题文本加粗，"学堂在线"中的"清华大学发起的精品中文慕课平台"也同理加粗；给"中国大学 MOOC（慕课）"中的内容添加"项目符号"，突出层次关系，给"学堂在线"的内容也添加同样的项目符号，如图 11-65 所示。

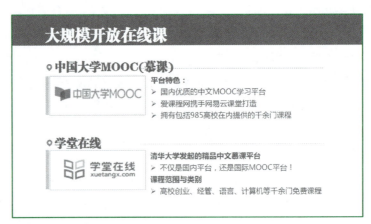

图 11-65
运用"对比"原则修改后的效果

11.5　拓展练习

福膜新材料科技有限公司是一家由海外回国人员创办的民营高科技企业，位于杭州国家级经济技术开发区内，于 2010 年 6 月 11 日注册成立。现公司需要针对应届大学毕业生进行招聘，刘经理作为招聘负责人，需要制作校园招聘宣讲会演示文稿，具体内容包括公司介绍、职业发展、薪酬福利、岗位责任与要求、应聘流程等。

企业的详细介绍参照素材文件"福膜新材料科技有限公司校园宣讲稿.pdf"。请依据以上内容，完成各页面的制作，效果如图 11-66 所示。

（a）封面

（b）目录

(c) 公司介绍

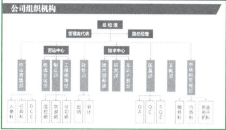

(d) 组织机构

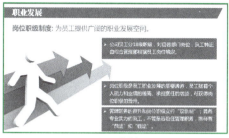

(e) 职业发展

(g) 岗位与要求

(f) 薪酬福利

(h) 封底

图 11-66
依据文字内容
实现的图文
混排效果

案例 12　制作创业项目路演演示文稿

12.1　案例简介

12.1.1　案例需求与展示

PPT：案例12 制作创业 项目路演 演示文稿

　　易百米快递公司作为创业成功的典型，现在需要刘经理做一个汇报。公关部的小王负责本次活动的演示文稿，他利用 PPT 的母版功能与基本的排版功能完成了 PPT 的制作，效果如图 12-1 所示。

微课 12-1
案例简介

(a) 封面页面效果

(b) 目录页面效果

(c) 过渡页面效果

(d) 内容页面效果1

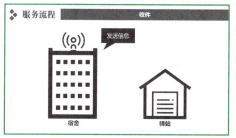

(e) 内容页面效果2

(f) 封底页面效果

图 12-1
企业介绍
页面效果

12.1.2　知识技能目标

本案例涉及的知识点主要有认识母版的结构、模板的制作与使用等。

知识技能目标：

- 了解 PowerPoint 演示文稿母版的基本结构。
- 掌握 PowerPoint 演示文稿母版的使用方法。
- 掌握封面页、目录页、转场页、内容页、封面页面的制作。

12.2　案例实现

本案例主要使用 PowerPoint 中的母版，结合图文混排来完成，具体操作方法如下。

12.2.1　认识幻灯片母版

微课 12-2
认识幻灯
片母版

① 单击"开始"按钮，在"开始"菜单中选择"Microsoft Office 2016"→"PowerPoint 2016"命令，启动 PowerPoint 2016，新建一个演示文稿文档，命名为"易百米快递-创业案例介绍-模板.pptx"。切换到"设计"选项卡，单击"页面设置"功能组中的"页面设置"按钮，打开"页面设置"对话框，选择"幻灯片大小"选项卡，选择"自定义"，设置宽度为 33.86 厘米，高度为 19.05 厘米。

② 切换到"视图"选项卡，单击"母版视图"功能组中的"幻灯片母版"按钮，如图 12-2 所示。

图 12-2
"幻灯片母版"
按钮

③ 系统会自动切换到"幻灯片母版"选项卡，如图 12-3 所示。

图 12-3
"幻灯片母版"
选项卡

④ 在 PowerPoint 2016 中提供了多种母版样式，包括默认设计样式、标题幻灯片样式、标题与内容样式、节标题样式等，如图 12-4 所示。

⑤ 选择"默认设计样式"，在"幻灯片区域"中右击，在弹出的快捷菜单中选择"设置背景格式"命令，如图 12-5 所示，打开"设置背景格式"窗格，选择"填充"项，选中"渐变填充"单选按钮，设置渐变类型为"线性"，方向为"线性向上"▨，角度为"270°"，渐变光圈为浅灰色向白色的过渡，如图 12-6 所示。

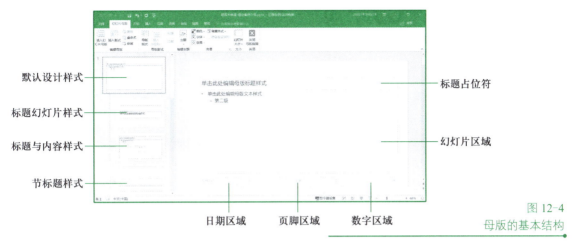

默认设计样式

标题幻灯片样式

标题与内容样式

节标题样式

单击此处编辑母版标题样式
单击此处编辑母版文本样式
第二级

标题占位符

幻灯片区域

日期区域　　　页脚区域　　　数字区域

图 12-4
母版的基本结构

图 12-6 "设置背景格式"窗格

图 12-5 "设置背景格式"命令

⑥ 此时，整个母版的背景色都变为自上而下的白色到浅灰色的渐变。

12.2.2 标题幻灯片模板的制作

标题页面主要采用上下结构的布局，具体操作步骤如下：

① 选择"标题幻灯片样式"，在"幻灯片母版"选项卡中单击"背景"功能组中的"背景样式"按钮，在弹出的下拉列表中选择"设置背景格式"命令，打开"设置背景格式"窗格，选择"填充"项，选中"图片或纹理填充"单选按钮，单击"文件"按钮，选择素材文件夹中的图片"封

微课 12-3
标题幻灯
片模板的
制作

面背景.jpg",单击"关闭"按钮,页面效果如图 12-7 所示。

② 切换到"插入"选项卡,单击"插图"功能组中的"形状"按钮,在弹出下拉列表框中选择"矩形"选项,绘制一个矩形,形状填充为"深蓝色"(红:6,绿:81,蓝:146),形状轮廓为"无轮廓",再复制一个矩形框,然后调整填充色为"橙色",分别调整两个矩形框的高度,页面效果如图 12-8 所示。

图 12-7 添加背景图片

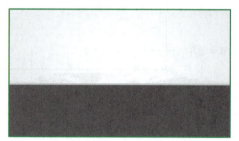
图 12-8 插入两个矩形框

③ 切换到"插入"选项卡,单击"图像"功能组中的"图片"按钮,在打开的对话框中选择素材文件夹中的图片"手机.png"和"物流.png",调整图片的位置,效果如图 12-9 所示。

④ 切换到"插入"选项卡,单击"图像"功能组中的"图片"按钮,在打开的对话框中选择素材文件夹中的图片"logo.png",调整图片的位置;再切换到"插入"选项卡,单击"文本"功能组中的"文本框"按钮,在弹出的下拉列表中选择"横排文本框"命令,插入文本"易百米快递",设置字体为"方正粗宋简体"、大小为"44";用同样的方法再插入文本"百米驿站——生活物流平台",设置字体为"微软雅黑"、大小为"24",调整位置后的效果如图 12-10 所示。

图 12-9 插入图片

图 12-10 插入 logo 与企业名称

⑤ 切换到"幻灯片母版"选项卡,在"母版版式"功能组中选中"插入占位符"按钮右侧的"标题"复选框,设置母版的标题样式,字体为"微软雅黑"、大小为"88"、加粗、深蓝色,继续单击"插入占位符"按钮,设置副标题样式,设置字体为"微软雅黑"、大小为"28",效果如图 12-11 所示。

⑥ 切换到"插入"选项卡,单击"图像"功能组中的"图片"按钮,在打开的对话框中选择素材文件夹中的图片"电话.png",调整图片的位置,插入文本"全国服务热线:400-0000-000",设置字体为"微软雅黑"、大小为"20"、白色,效果如图 12-12 所示。

⑦ 切换到"幻灯片母版"选项卡,单击"关闭"功能组中的"关闭母版视图"按钮,在"普

通视图"下，单击占位符"母版标题样式"后，输入"创业案例介绍"，单击占位符"单击此处编辑母版副标题样式"，输入"汇报人：刘经理"，效果如图 12-1（a）所示。

图 12-11
插入标题占位符

图 12-12
插入电话图标与
电话

12.2.3 目录页幻灯片模板的制作

① 选择一个新的版式，删除所有占位符，切换到"幻灯片母版"选项卡，单击"背景"功能组中的"背景样式"按钮，打开"设置背景格式"窗格，选择"填充"项，选中"图片或纹理填充"单选按钮，单击"文件"按钮，在打开的对话框中选择素材文件夹中的图片"过渡页背景.jpg"，单击"关闭"按钮。再切换到"插入"选项卡，单击"插图"功能组中的"形状"按钮，在弹出的下拉列表框中选择"矩形"选项，绘制一个深蓝色矩形，放置在页面最下方，效果如图 12-13 所示。

微课 12-4
目录页幻
灯片模板
的制作

② 切换到"插入"选项卡，单击"插图"功能组中的"形状"按钮，在弹出的下拉列表框中选择"矩形"选项，绘制一个矩形，形状填充为"深蓝色"（红：6，绿：81，蓝：146），形状轮廓为"无轮廓"，插入文本"C"，设置字体为"Bodoni MT Black"、大小为 66，白色；再输入文本"ontent"，设置字体为"微软雅黑"、大小为"24"，深灰色；输入文本"目录"，设置字体为"微软雅黑"、大小为"44"、深灰色，调整位置后的效果如图 12-14 所示。

笔 记

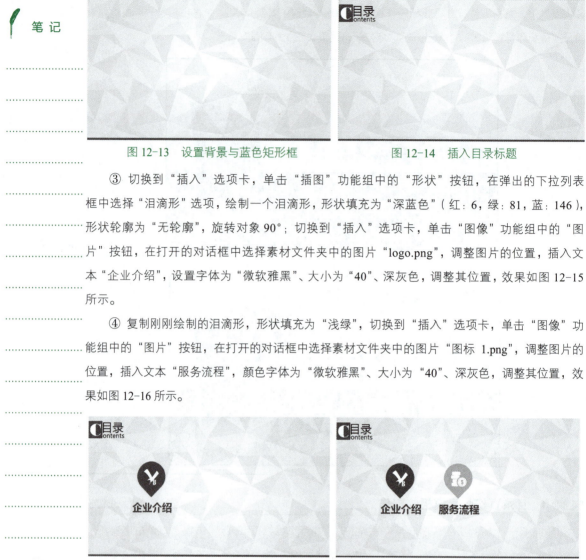

图 12-13 设置背景与蓝色矩形框　　图 12-14 插入目录标题

③ 切换到"插入"选项卡，单击"插图"功能组中的"形状"按钮，在弹出的下拉列表框中选择"泪滴形"选项，绘制一个泪滴形，形状填充为"深蓝色"（红：6，绿：81，蓝：146），形状轮廓为"无轮廓"，旋转对象 90°；切换到"插入"选项卡，单击"图像"功能组中的"图片"按钮，在打开的对话框中选择素材文件夹中的图片"logo.png"，调整图片的位置，插入文本"企业介绍"，设置字体为"微软雅黑"、大小为"40"、深灰色，调整其位置，效果如图 12-15 所示。

④ 复制刚刚绘制的泪滴形，形状填充为"浅绿"，切换到"插入"选项卡，单击"图像"功能组中的"图片"按钮，在打开的对话框中选择素材文件夹中的图片"图标 1.png"，调整图片的位置，插入文本"服务流程"，颜色字体为"微软雅黑"、大小为"40"、深灰色，调整其位置，效果如图 12-16 所示。

图 12-15 插入"企业介绍"　　图 12-16 插入"服务流程"

⑤ 复制刚刚绘制的泪滴形，形状填充为"橙色"，切换到"插入"选项卡，单击"图像"功能组中的"图片"按钮，在打开的对话框中选择素材文件夹中的图片"图标 2.png"，调整图片的位置，插入文本"分析对策"，设置字体为"微软雅黑"、大小为"40"、深灰色，效果如图 12-1（b）所示效果。

12.2.4 过渡页幻灯片模板的制作

微果 12-5
过渡页幻
灯片模板
的制作

① 在母版样式中选择"节标题样式"，插入素材文件夹中的图片"封面背景.jpg"，切换到"插入"选项卡，单击"插图"功能组中的"形状"按钮，在弹出的下拉列表框中选择"矩形"选项，绘制一个矩形，形状填充为"深蓝色"（红：6，绿：81，蓝：146），形状轮廓为"无轮廓"，再复制矩形框，调整大小与位置，效果如图 12-17 所示。

② 切换到"插入"选项卡，单击"图像"功能组中的"图片"按钮，在打开的对话框中，选

择素材文件夹中的图片 "logo.png" 和 "礼仪.jpg"，调整图片的位置，效果如图 12-18 所示。

图 12-17　插入矩形框　　　　　　图 12-18　插入图片后的效果

③ 分别插入文本 "Part 1" 和 "企业介绍"，设置字体为 "微软雅黑"、大小自行调整、深灰色，效果如图 12-1（c）所示效果。

④ 复制过渡页面，使用相同的方法制作 "服务流程" 与 "分析对策" 两个过渡页面。

12.2.5　内容页幻灯片模板的制作

① 选择一个普通版式页面，删除所有占位符，切换到 "插入" 选项卡，单击 "插图" 功能组中的 "形状" 按钮，在弹出的下拉列表框中选择 "矩形" 选项，按住 Shfit 键绘制一个正方形，形状填充为 "深蓝色"（红：6，绿：81，蓝：146），形状轮廓为 "无轮廓"，再复制正方形，调整大小与位置，效果如图 12-19 所示。

② 选中 "幻灯片母版" 选项卡 "母版版式" 功能组中的 "标题" 复选框，设置标题样式，字体为 "方正粗宋简体"、大小为 "36"、深蓝色，效果如图 12-20 所示。

微课 12-6 内容页幻灯片模板的制作

图 12-19　插入内容页图标　　　　　图 12-20　插入内容页标题样式

12.2.6　封底页幻灯片模板的制作

① 选择一个普通版式页面，删除所有占位符，切换到 "插入" 选项卡，单击 "图像" 功能组中的 "图片" 按钮，在打开的对话框中选择素材文件夹中的图片 "商务人士.png"，调整图片的位置，效果如图 12-21 所示。

② 切换到 "插入" 选项卡，单击 "图像" 功能组中的 "图片" 按钮，在打开的对话框中选择素材文件夹中的图片 "logo.png"，调整图片的位置。切换到 "插入" 选项卡 "文本" 功能组中的 "文本框" 按钮，在弹出的下拉列表中选择 "横排文本框" 命令，插入文本 "易百米快递"，设置字体为 "方正粗宋简体"、大小为 "44"，再插入文本 "百米驿站——生活物流平台"，设置字体为

微课 12-7 封底页幻灯片模板的制作

"微软雅黑"、大小为 "24"，调整位置后页面效果如图 12-22 所示。

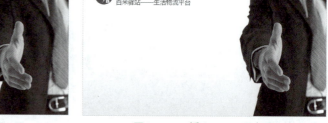

图 12-21　插入图片　　　　　　　　图 12-22　插入 Logo 及标题

③ 插入文本 "谢谢观赏"，设置字体为 "微软雅黑"、大小为 "80"、深蓝色、加粗、文字阴影。

④ 切换到 "插入" 选项卡，单击 "图像" 功能组中的 "图片" 按钮，在打开的对话框中选择素材文件夹中的图片 "电话 2.png"，调整图片的位置，插入文本 "全国服务热线：400-0000-000"，设置字体为 "微软雅黑"、大小为 "20"、深蓝色，效果如图 12-1（f）所示效果。

12.2.7　模板的使用

微课 12-8
模板的
使用

① 切换至 "幻灯片母版" 选项卡，单击 "关闭" 功能组中的 "关闭母版视图" 按钮，在 "普通视图" 下，单击占位符 "母版标题样式"，输入文本 "创业案例介绍"，再单击占位符 "单击此处编辑母版副标题样式"，输入文本 "汇报人：刘经理"，效果如图 12-1（a）所示效果。

② 在大纲/幻灯片浏览窗格中按 Enter 键，创建一个新页面，默认情况下一般是 "目录" 模板。

③ 继续按 Enter 键，再创建一个新页面，仍然是 "目录" 模板，在页面中右击，在弹出的快捷菜单中选择 "版式" → "Office 主题" 级联菜单，如图 12-23 所示，默认 "标题和内容"，选择 "节标题" 选项即可完成版式的修改。

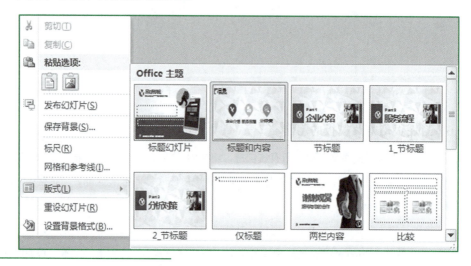

图 12-23
版式的修改

④ 采用同样的方法即可实现本案例的所有页面，然后根据实际需要制作所需的页面即可。

12.3 案例小结

本案例通过易百米快递公司创业演示文稿的制作，全面地介绍了模板的应用。模板对 PPT 来说就是其外包装，对于一个 PPT 的模板而言至少需要 3 个子版式，分别为封面版式、目录或转场版式、内容版式。封面版式主要用于 PPT 的封面，转场版式主要用于章节封面，内容版式主要用于 PPT 的内容页面。其中，封面版式与内容版式一般都是必需的，而较短的 PPT 可以不设计转场页面。

12.4 经验技巧

12.4.1 封面设计技巧

封面设计是浏览者第一眼看到的 PPT 页面。通常情况下，封面页主要起到突出主题的作用，具体包括标题、作者、公司、时间等信息，不必过于花哨。

PPT 的封面设计可以分为文本型和图文并茂型。

（1）文本型

如果没有搜索到合适的图片，仅仅通过文字的排版也可以制作出效果不错的封面。为了防止页面过于单调，可以使用渐变色作为封面的背景，如图 12-24 所示。

微课 12-9
封面设计
技巧

(a) 单色背景

(b) 渐变色背景

图 12-24
文本型封面 1

除了文本，也可以用色块作为衬托，凸显标题内容。注意在色块交接处使用线条调和界面，这样能使界面更加协调，如图 12-25 所示。

(a) 色块作为背景

(b) 彩色条分割

图 12-25
文本型封面 2

通常也可以使用不规则图形来打破静态的布局，获得动感，如图 12-26 所示。

（2）图文并茂型

图片的运用能使界面更加清晰。使用小图能使画面比较聚焦，引起观众的注意，当然要求图片的使用一定要切题，这样能迅速抓住观众，突出汇报的重点，如图 12-27 所示。

(a) 不规则色块结合1

(b) 不规则色块结合2

图 12-26
文本型封面 3

(a) 小图与文本的搭配1

(b) 小图与文本的搭配2

图 12-27
图文并茂
型封面 1

当然，也可以使用半图的方式来制作封面。具体方法是把一张大图裁切，因为大图能够带来不错的视觉冲击力，因此没有必要使用复杂的图形装点页面，如图 12-28 所示。

(a) 半图PPT的效果1

(b) 半图PPT的效果2

(c) 半图PPT的效果3

(d) 半图PPT的效果4

图 12-28
图文并茂
型封面 2

最后，介绍借助全图来制作全图型封面的方法。全图封面就是将图片铺满整个页面，然后把文本放置到图片上，重点是突出文本。可以修改图片的亮度，局部虚化图片；也可以在图片上添加半透明或者不透明的形状作为背景，衬托使文字更加清晰。

依据以上提供的方法，制作的全图 PPT 封面如图 12-29 所示。

(a) 全图PPT的效果1

(b) 全图PPT的效果2

(c) 全图PPT的效果3

(d) 全图PPT的效果4

图 12-29
图文并茂型
封面 3

12.4.2 导航页设计技巧

PPT 中导航系统的作用是展示演示的进度，使观众能清晰把握整个 PPT 的脉络，使演示者能清晰把握整个汇报的节奏。对于较短的 PPT 来讲，可以不设置导航系统，但认真设计内容是很重要的，要使整个演示的节奏紧凑、脉络清晰。对于较长的 PPT，设计逻辑结构清晰的导航系统是很有必要的。

微课 12-10
导航页
设计技巧

通常 PPT 的导航系统主要包括目录页、转场页，此外，还可以设计页码与进度条。

（1）目录页

PPT 目录页的设计目的是让观众全面、清晰地了解整个 PPT 的架构。因此，好的 PPT 就是要一目了然地将架构呈现出来。实现这一目的的核心就是实现目录内容与逻辑图示的高度融合。

传统的目录设计主要运用图形与文字的组合，如图 12-30 所示。

(a) 图形与文本组合1

(b) 图形与文本组合2

(c) 图形与文本组合3

(d) 图形与文本组合4

图 12-30
传统型目录

图文混合型的目录，主要采用一幅图片配合一行文本的形式，如图 12-31 所示。

(a) 图片与文字组合1

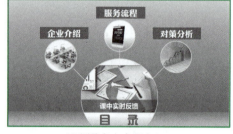

(b) 图片与文字组合2

图 12-31
图文型目录

(c) 图片与文字组合3

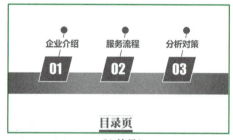

(d) 图片与文字组合4

综合型的目录设计要创新思路，充分考虑整个 PPT 的风格与特点，将页面、色块、图片、图形等元素综合运用，如图 12-32 所示。

(a) 效果1

(b) 效果2

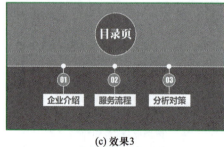

图 12-32
综合型目录

(c) 效果3

(d) 效果4

（2）转场页

转场页的核心目的在于提醒观众新的篇章开始，告知整个演示的进度，有助于观众集中注意力，起到承上启下的作用。

过渡页的制作应尽量与目录页在颜色、字体、布局等方面保持一致，局部布局可以有所变化。如果过渡页面与目录页面一致，可以在页面的饱和度上有所变化，例如，当前演示的部分使用彩色，不演示的部分使用灰色，也可以独立设计过渡页，如图 12-33 所示。

(a) 标题文字颜色区分

(b) 图片色彩的区分

(c) 单独页面设计1

(d) 单独页面设计2

图 12-33
转场页设计

（3）导航条

导航条的主要作用在于让观众了解演示进度。较短的 PPT 不需要导航条，只有在较长的 PPT 演示时才需要。导航条的设计非常灵活，可以放在页面的顶部，也可以放在页面的底部，当然也可以放到页面的两侧。

在表达方式方面，导航条可以使用文本、数字或者图片等元素。带导航条的页面设计效果如图 12-34 所示。

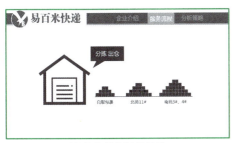

(a) 文本颜色衬托导航

(b) 文本颜色衬托导航

图 12-34
导航条设计

12.4.3 内容页设计技巧

内容的结构包括标题与正文两个部分。标题栏是展示 PPT 标题的地方，标题表达信息更快、更准确。常见的内容页模板中，标题栏一般要放在固定的、醒目的位置，这样能显得严谨一些。

标题栏一定要简约、大气，最好能够具有设计感或商务风格。标题栏中相同级别标题的字体和位置要保持一致，不要把逻辑搞混。依据大众的浏览习惯，大多数的标题都放在屏幕上方。内容区域是 PPT 中放置内容的区域，通常情况下，内容区域就是 PPT 本身。

微课 12-11
内容页
设计技巧

标题的常规表达方法有图标提示、点式、线式、图形、图片图形混合等，内容页面设计效果如图 12-35 所示。

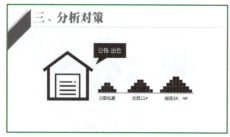

(a) 图标提示

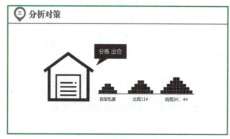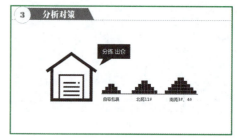

(b) 点式

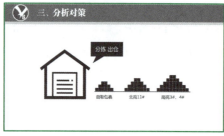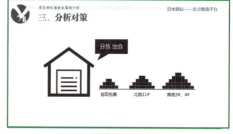

(c) 线式　　　　(d) 图形

图 12-35
内容页面与标题栏

(e) 图片图形结合1　　(f) 图片图形结合2

12.4.4　封底设计技巧

封底通常用来表达感谢和保留作者信息，为了保持 PPT 在整体风格统一，设计与制作封底是有必要的。

微课 12-12
封底
设计技巧

封底的设计风格要和封面保持一致，尤其是在颜色、字体、布局等方面，此外封底使用的图片也要与 PPT 主题保持一致。如果觉得设计封底太麻烦，可以在封面的基础上进心修改。封底的页面设计效果如图 12-36 所示。

(a) 效果1　　　　(b) 效果2

(c) 效果3　　　　　　　　　　　　(d) 效果4

图 12-36
封底页面设计

12.5　拓展练习

　　于教授要申请淮安市科技局的一个科技项目，项目标题为"淮安市公众参与生态文明建设利益导向机制的探究"，具体申报内容分为课题综述、目前现状、研究目标、研究过程、研究结论、参考文献等。请根据需求设计适合项目申报汇报的 PPT 模板。

　　依据项目需要设计的模板参考效果如图 12-37 所示。

✎ 笔 记

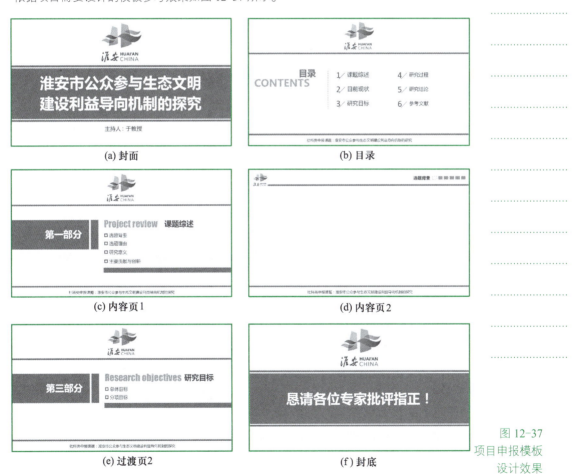

(a) 封面　　　　　　　　　　　　(b) 目录

(c) 内容页1　　　　　　　　　　　(d) 内容页2

(e) 过渡页2　　　　　　　　　　　(f) 封底

图 12-37
项目申报模板
设计效果

案例 13 制作汽车行业数据图表演示文稿

13.1 案例简介

13.1.1 案例需求与展示

中国汽车爱好者协会发布了 2020 年度的中国汽车数据，现依据部分文档内容制作关于中国汽车权威数据发布的演示文稿。本例文本参考素材文件夹中文档 "2020 年度中国汽车数据发布.docx"。核心内容如下：

PPT：案例 13 制作汽车行业数据图表演示文稿

案例标题：**2020 年度中国汽车数据发布**

声明：不对数据准确性解释，仅供教学案例使用。

驾驶私家车已经成为很多人的日常出行方式，但城市中机动车的快速增加也带来不少问题，不少地方都在酝酿实施相关的限制措施。那么，全国机动车的保有量到底有多少？其中私家车又有多少？公安部交管局日前公布的数据显示，截至 2020 年底，全国机动车保有量达 3.7 亿辆，其中汽车 2.86 亿辆，汽车新注册量和年增量均达历史最高水平。

近五年汽车保有量情况（单位：万辆）				
2016 年	2017 年	2018 年	2019 年	2020 年
10559	12435	23573	26150	28594
近五年机动车驾驶人数数量情况（单位：亿）				
2016 年	2017 年	2018 年	2019 年	2020 年
3.59	3.60	4.10	4.36	4.56

微课 13-1
案例简介

私人轿车有多少？

2020 年，私人轿车保有量 1.46 亿辆，比 2019 年增加 973 万辆。

今年新增汽车多少？

2020 年，新注册登记的汽车达 2424 万辆，比 2019 年减少 153 万辆，下降 5.95%。摩托车新注册登记 826 万辆，比 2019 年增加 249 万辆，增长 43.07%，近两年保持快速增长，受疫情影响，2020 年出现大幅增长态势。

新能源车有多少？

近来，很多地方都在大力发展新能源汽车，不仅购车提供补贴，同时在上牌方面也提供诸多便利。2020 年，新能源汽车保有量达 492 万辆，比 2019 年增长 29.18%，其中，纯电动汽车保有量 400 万辆，比 2019 年增长 29.03%。

多少城市汽车保有量超百万？

笔 记

全国有 70 个城市的汽车保有量超百万辆，其中北京、成都、重庆、苏州、郑州、西安、武汉、深圳、东莞、天津、青岛、石家庄 13 个城市汽车保有量超过 300 万辆。

汽车保有量超过 300 万的城市（单位：万辆）												
北京	成都	重庆	苏州	上海	郑州	西安	武汉	深圳	东莞	天津	青岛	石家庄
603	545	504	443	440	403	373	366	353	341	329	314	301

驾驶员有多少？

2020 年，全国机动车驾驶人数量达 4.56 亿人，其中汽车驾驶人达 4.18 亿人。受疫情影响，2020 年全国新领证驾驶人（驾龄不满 1 年）数量达 2231 万人，占全国机动车驾驶人总数的 4.90%，比 2019 年减少 712 万人，下降 24.19%。

从驾驶人性别看，男性驾驶人 3.08 亿人，占 65.57%；女性驾驶人 1.48 亿人，占 34.43%。

依据本案设计，实现的页面效果如图 13-1 所示。

(a) 封面

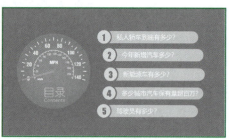

(b) 目录

(c) 过渡页

(d) 内容页1

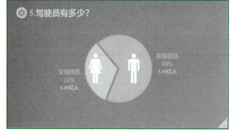

(e) 内容页2

(f) 封底

图 13-1
案例整体效果

13.1.2 知识技能目标

本案例涉及的知识点主要有添加图表、编辑及美化图表、添加表格、编辑表格。

知识技能目标：

- 使用 PowerPoint 中的表格来展示数据。

笔 记

- 使用 PowerPoint 中的图表来展示数据。
- 掌握 PowerPoint 中图表表达数据的方法与技巧。

13.2 案例实现

本案例主要使用了 PowerPoint 中的图表与表格的表达方法、艺术字的设计与应用等，具体操作方法如下。

13.2.1 案例分析

在中国汽车爱好者协会的数据发布中，可以看出本案例主要想介绍 5 个方面的内容：

① 私人轿车有多少？

② 今年新增汽车多少？

③ 新能源车有多少？

④ 多少城市汽车保有量超百万？

⑤ 驾驶员有多少？

第 1 张幻灯片："私人轿车有多少？"的问题可以采用图形绘制的方式实现，例如，使用绘制小车的图形，表达 2016—2020 年汽车的数量变化。

第 2 张幻灯片："今年新增汽车多少？"的问题可以采用图形绘制的方式与文本的结合去实现，例如，使用圆圈的大小表示数量的多少。

第 3 张幻灯片："新能源车有多少？"的问题可以采用"数据表"的方式表达，例如，主要表达 2020 年新能源汽车保有量达 492.02 万辆，比 2019 年增长 29.18%，其中，纯电动汽车保有量 400.13 万辆，比 2019 年增长 29.03%。

第 4 张幻灯片："多少城市汽车保有量超百万？"的问题可以采用数据表格的方式表达，也可以采用数据图表的方式表达。

第 5 张幻灯片："驾驶员有多少？"的问题，针对男女驾驶员的比例可以采用饼图来表达，也可以绘制圆形来表达。近五年机动车驾驶人数量情况可以采用人物的卡通图标来表达，如身高代表多少等。

13.2.2 封面与封底的制作

经过设计，整个页面的封面与封底页面相似，选择汽车作为背景图片，然后在汽车上方放了文本的标题，信息发布的单位信息。具体制作过程如下。

① 启动 PowerPoint 2016，新建一个空白文档，命名为"2020 年度中国汽车数据发布.pptx"。

② 鼠标右击，在弹出的快捷菜单中选择"设置背景格式"命令，在打开的"设置背景格式"窗格中选中"填充"项中的"图片或纹理填充"单选按钮，单击"文件"按钮，打开"插入图片"对话框，选择素材文件夹中的"汽车背景.jpg"作为背景图片，插入后的效果如图 13-2 所示。

③ 切换到"插入"选项卡，单击"文本"功能组中的"文本框"按钮，在弹出的下拉列表框

微课 13-2 封面与封底的制作

笔 记

中选择"横排文本框"命令，输入文本"2020 年度中国汽车数据发布"，选中文本，设置字体为"微软雅黑"、大小为"60"、白色调整文本框的大小与位置。

④ 切换到"插入"选项卡，单击"插图"功能组中的"形状"按钮，在弹出的下拉列表框中选择"矩形"选项，绘制一个矩形，形状填充为"橙色"，边框设置为"无边框"，选中矩形，鼠标右击，在弹出的快捷菜单中选择"编辑文字"命令，输入文本"发布单位"，设置字体为"微软雅黑"、大小为"20"、白色、水平居中对齐，调整位置后页面如图 13-3 所示。

图 13-2　设置背景图片的效果　　　　　　图 13-3　插入文本与矩形框的效果

⑤ 复制刚刚绘制的矩形框，设置背景颜色为土黄色，修改文本内容为"中国汽车爱好者协会"，调整位置后效果如图 13-1（a）所示。

⑥ 复制封面 PPT 页面，修改"2020 年度中国汽车数据发布"为"谢谢大家"，然后调整位置，完成封底页面设计。

13.2.3　目录页的制作

1.　目录页面效果实现分析

本页面设计采用左右结构，左侧制作一个汽车的仪表盘，形象地体现汽车这个主体，右侧绘制图像反映要讲解的 5 个方面的内容，设计示意图如图 13-4 所示。

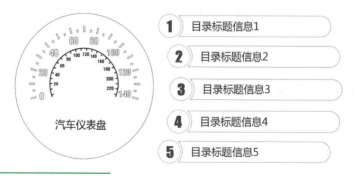

图 13-4
目录页面示意图

微课 13-3
目录页
的制作

2.　目录页面左侧仪表盘制作过程

① 切换到"开始"选项卡，单击"幻灯片"功能组中的"新建幻灯片"按钮，新建一页幻灯片，鼠标右击，在弹出的快捷菜单中选择"设置背景格式"命令，在打开的"设置背景格式"窗格中选中"填充"项中的"图片或纹理填充"单选按钮，单击"文件"按钮，打开"插入图片"

对话框，选择素材文件夹中的"背景图片.jpg"作为图片背景。

② 切换到"插入"选项卡，单击"插图"功能组中的"形状"，在弹出的下拉列表中选择"椭圆"选项，按住 Shift 键绘制一个圆形，形状填充为"深灰色"，边框设置为"无边框"，调整大小与位置，效果如图 13-5 所示。

③ 切换到"插入"选项卡，单击"插图"功能组中的"图片"按钮，打开"插入图片"对话框，选择素材文件夹中的图片"表盘 1.png"，单击"插入"按钮，再依次插入"表盘 2.png"与"表针.png"图片，选择绘制的圆形以及插入的所有图片，在"开始"选项卡"绘图"功能组中单击"排列"，在弹出的下拉列表中选择"对齐"→"左右居中"命令，使其表盘水平方向居中，然后依次选择图片，通过方向键头调节上下的位置。

④ 切换到"插入"选项卡，单击"文本"功能组中的"文本框"按钮，在弹出的下拉列表中选择"横排文本框"命令，输入文本"目录"，选中文本，设置字体为"幼圆"、大小为"40"、橙色；采用同样的方法插入文本"Contents"设置字体为"Arial"、大小为"20"、橙色，调整位置如图 13-6 所示。

图 13-5　插入圆形

图 13-6　插入仪表盘图片并对齐后的效果

3. 目录页面右侧图形的制作过程

① 切换到"插入"选项卡，单击"插图"功能组中的"形状"按钮，在弹出的下拉列表中选择"椭圆"选项，按住 Shift 键绘制一个圆形，形状填充为"橙色"，边框设置为"无边框"，调整大小与位置。

② 切换到"插入"选项卡，单击"文本"功能组中的"文本框"按钮，在弹出的下拉列表中选择"横排文本框"命令，输入文本"1"，选择文本，设置字体为"Impact"、大小为"36"、深灰色，把文字放置到橙色的圆圈上方，调整其位置与大小，如图 13-7 所示。

③ 选择橙色圆形与文本，同时按住 Ctrl 与 Alt 键，拖动鼠标即可复制图形与文本，修改文本内容，创建其他目录项目号，如图 13-8 所示。

④ 按住 Shift 先选择橙色圆，再选择数字，切换到"绘图工具|格式"选项卡，单击"插入形状"功能组中的"合并形状"按钮，在弹出的下拉列表中选择"组合"命令，如图 13-9 和图 13-10

所示，可完成两个图像组合计算。

图 13-7　插入圆形与文本

图 13-8　插入其他图形元素

图 13-9
"绘图工具|格式"
选项卡

图 13-10
组合形状

⑤ 切换到"插入"选项卡，单击"插图"功能组中的"形状"按钮，在弹出的下拉列表框中选择"椭圆"选项，按住 Shift 键依次绘制两个圆形，切换到"插入"选项卡，单击"插图"功能组中的"形状"按钮，在弹出的下拉列表框中选择"矩形"选项，绘制一个矩形，如图 13-11 所示。

⑥ 选择右侧的矩形与圆形，切换到"开始"选项卡，单击"绘图"功能组中的"排列"按钮，在弹出的下拉列表中选择"对齐"→"顶端对齐"命令，选择圆形，使其水平向左移动与矩形重叠，先选择圆形，按住 Shift 键再选择矩形，如图 13-12 所示，切换到"绘图工具|格式"选项卡，单击"插入形状"功能组中的"合并形状"按钮，在弹出的下拉列表中选择"形状联合"命令，即可实现如图 13-13 所示的图形。

⑦ 选择左侧的圆形与刚刚合并的图形，切换到"开始"选项卡，单击"绘图"功能组中的"排列"按钮，在弹出的下拉列表中选择"对齐"→"上下居中"命令，选择圆形，使其水平向右移

动与矩形重叠，如图 13-14 所示。

图 13-11　绘制所需的图形

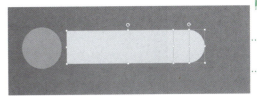

图 13-12　选择矩形与右侧圆形

图 13-13　合并后的图形

图 13-14　设置圆形与矩形的位置

⑧ 先选择合并后的形状，按住 Shift 键再选择左侧圆形，如图 13-15 所示，切换到"绘图工具|格式"选项卡，单击"插入形状"功能组中的"合并形状"按钮，在弹出的下拉列表中选择"剪除"命令，即可实现如图 13-16 所示的图形。

图 13-15　选择两个图形

图 13-16　剪除后的页面效果

⑨ 调整刚刚绘制图形的位置，切换到"插入"选项卡，单击"文本"功能组中的"文本框"按钮，在弹出的下拉列表中选择"横排文本框"命令，输入文本"私家车到底有多少？"，设置字体为"微软雅黑"、大小为"26"、白色，调整其位置，如图 13-17 所示。

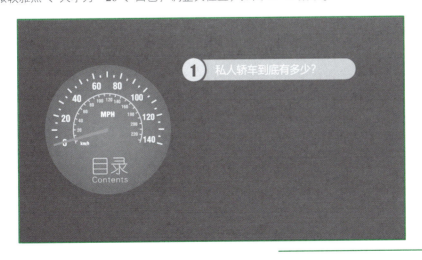

图 13-17
目录页的选项 1

⑩ 依次制作其他的目录选项内容，效果如图 13-18 所示。

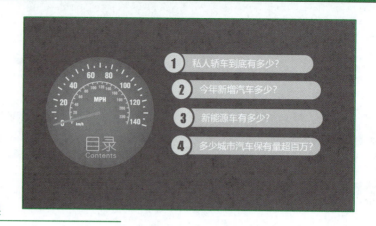

图 13-18
添加其他选项后的效果

13.2.4　过渡页的制作

本案例中 5 个过渡页面风格相似，主要是设置背景图片后，插入汽车的卡通图形，然后插入数字标题与每个模块的名称。具体操作步骤如下：

微课 13-4
过度页
的制作

① 新创建一页幻灯片，鼠标右击，在弹出的快捷菜单中选择"设置背景格式"命令，在打开的"设置背景格式"窗格的"填充"项中选中"图片或纹理填充"单选按钮，单击"文件"按钮，打开"插入图片"对话框，选择素材文件夹中的"背景图片.jpg"作为图片背景。

② 切换到"插入"选项卡，单击"图像"功能组中的"图片"按钮，打开"插入图片"对话框，选择素材文件夹中的图片"卡通汽车形象.png"，单击"插入"按钮，调整位置，使其水平居中在整个幻灯片的中央，如图 13-19 所示。

笔 记

③ 切换到"插入"选项卡，单击"插图"功能组中的"形状"按钮，在弹出的下拉列表中选择"椭圆"选项，按住 Shift 键绘制一个圆形，形状填充为"橙色"，边框设置为"无边框"，调整大小与位置。

④ 切换到"插入"选项卡，单击"文本"功能组中的"文本框"按钮，在弹出的下拉列表中选择"横排文本框"命令，输入文本"1"，设置字体为"Impact"、大小为"36"、深灰色，把文字放置到橙色的圆圈的上方，调整其位置与大小，如图 13-20 所示。

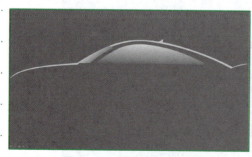

图 13-19　插入汽车卡通形象

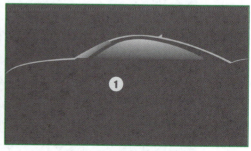

图 13-20　插入标题符号

⑤ 切换到"插入"选项卡，单击"文本"功能组中的"文本框"按钮，在弹出的下拉列表中选择"横排文本框"命令，输入文本"私家车到底有多少？"，设置字体为"微软雅黑"、大小为"50"、深灰色，把文字放置到橙色的圆圈的上方，调整其位置与大小，效果如图 13-1（c）所示。

13.2.5 数据图表页面的制作

1. 内容页：私家车到底有多少?

微课 13-5
使用图像
表达
数据表

内容信息：*2020 年，私人轿车保有量 1.46 亿辆，比 2019 年增加 973 万辆。全国平均每百户家庭拥有 42 辆私人轿车。北京、成都、深圳等大城市每百户家庭拥有私家车 60 多辆。*

本例可以采用插入图片的方式来表达数量的变化，具体操作步骤如下：

① 新创建一页幻灯片，鼠标右击，在弹出的快捷菜单中选择"设置背景格式"命令，在打开的"设置背景格式"窗格的"填充"项中选中"图片或纹理填充"单选按钮，单击"文件"按钮，打开"插入图片"对话框，选择素材文件夹中的"内容背景.jpg"作为图片背景。

② 切换到"插入"选项卡，单击"图像"功能组中的"图片"按钮，打开"插入图片"对话框，选择素材文件夹中的图片"汽车轮子.png"，单击"插入"按钮，调整位置。

笔 记

③ 切换到"插入"选项卡"文本"功能组中的"文本框"按钮，在弹出的下拉列表中选择"横排文本框"命令，输入文本"1.私家车到底有多少？"，设置字体为"微软雅黑"、大小为"36"、橙色，把文字放置到汽车轮子图片的右侧，调整其位置。

④ 切换到"插入"选项卡，单击"图像"功能组中的"图片"按钮，打开"插入图片"对话框，选择素材文件夹中的图片"汽车 1.png"，单击"插入"按钮，复制 7 辆汽车，设定第 1 辆与第 8 辆汽车的位置，再切换到"开始"选项卡，单击"绘图"功能组中的"排列"按钮，在弹出的下拉列表中选择"对齐"→"横向分布"命令，再插入"2019 年"与"1.36 亿辆"文本，设置字体为"微软雅黑"、橙色，如图 13-21 所示。

⑤ 采用同样的方法插入 2020 年汽车的数量信息，添加 9 辆汽车图片（汽车 2.png），页面效果如图 13-22 所示。

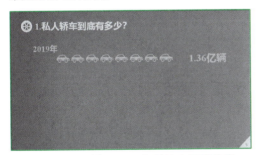

图 13-21 插入 2019 年的汽车图表信息

图 13-22 插入 2020 年的汽车图表信息

⑥ 切换到"插入"选项卡，单击"插图"功能组中的"形状"按钮，在弹出的下拉列表中选择"直线"选项，按住 Shift 键绘制一条水平直线，设置直线的样式位虚线，颜色为白色。切换到"插入"选项卡，单击"文本"功能组中的"文本框"按钮，在弹出的下拉列表中选择"横排文本框"命令，插入相应的文本，将数字设置为橙色，本页即可完成。

微课 13-6
使用图形
表达
数据表

2. 内容页：今年新增汽车多少?

内容信息：*自 2016 年开始每年的新增加汽车数量的统计信息为：2016 年新增加到 10599 万辆，2017 年新增加到 12345 万辆，2018 年新增加到 23573 万辆，2019 年新增加到 26150 万辆，2020*

年新增加到 28594 万辆。

反映这组数据仍然可以采用绘制图形的方式实现，例如采用圆形的方式表达，圆圈的大小表示数量的多少，主要是定性地反映数据变化。具体操作步骤如下：

① 新创建一页幻灯片，切换到"插入"选项卡，单击"插图"功能组中的"形状"按钮，在弹出的下拉列表中选择"椭圆"选项，按住 Shift 键绘制一个圆形，形状填充为"橙色"，边框设置为"无边框"，调整大小与位置。

② 切换到"插入"选项卡，单击"文本"功能组中的"文本框"按钮，在弹出的下拉列表中选择"横排文本框"命令，输入文本"10599"，设置字体为"微软雅黑"、大小为"32"、白色，把文字放置到橙色的圆圈的上方，调整其位置与大小，再用同样的方法插入文本"2016 年"，如图 13-23 所示。

图 13-23
插入 2016 年的
汽车增长数据

③ 用同样的方法插入 2017 年～2020 年的其他数据，但需要把背景的圆圈逐渐放大，如图 13-24 所示。

图 13-24
插入连续 5 年的
汽车增长数据

④ 采用同样的方法插入幻灯片所需的文本内容与线条即可。

3. 内容页：新能源车有多少？

内容信息：*近来，很多地方都在大力发展新能源汽车，不仅购车提供补贴，同时在上牌方面也提供诸多便利。2019 年，新能源汽车保有量达 380 万辆，2020 年，新能源汽车保有量达 492 万辆，比 2019 年增长 29.4%。其中，2019 年纯电动汽车保有量 309 万辆，2020 年纯电动汽车保有量 400 万辆，比 2019 年增长 30.66%。*

微果 13-7
数据图表
的使用

本例可以采用插入柱状表的方式来表达数量的变化，具体操作步骤如下：

① 切换到"插入"选项卡，单击"插图"功能组中的"图表"按钮，在打开的"插入图表"对话框中选择"柱状图"图表类型，并在弹出的 Excel 工作表中输入示例数据，如图 13-25 所示，关闭 Excel 后，数据图表的插入就完成了，如图 13-26 所示。

② 选择插入的柱状图，选择标题，按 Delete 键将其删除，使用同样的方法将网格线、纵向坐标轴和图例删除，效果如图 13-27 所示。

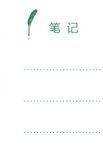

笔 记

	A	B	C	D
1		2019年	2020年	
2	新能源汽车	380	492	
3	纯电动汽车	309	400	
4				

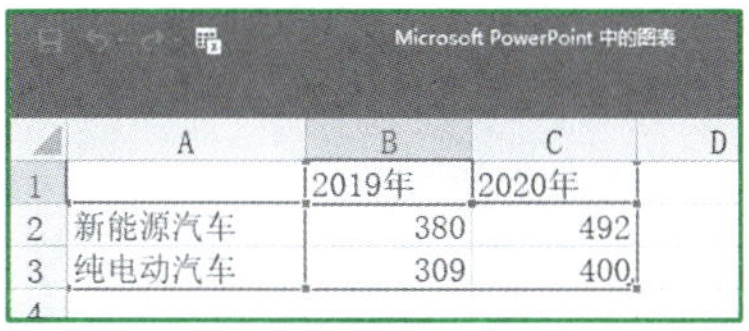

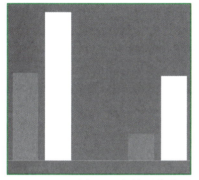

图 13-25 在 Excel 表中输入数据

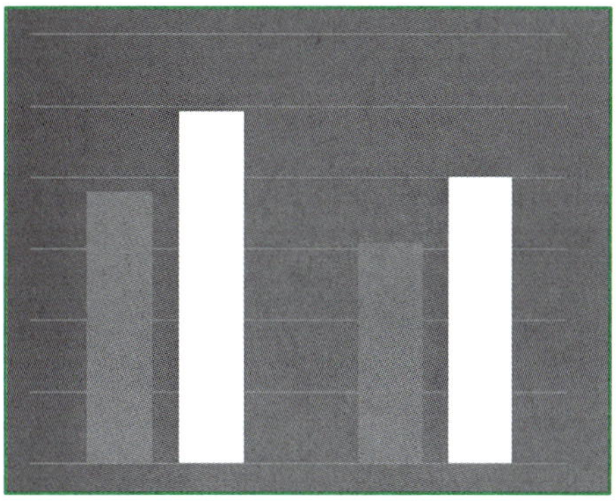

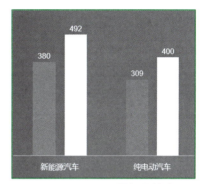

图 13-26 插入柱状图后的效果

③ 选择插入的柱状图，切换到“图表工具|设计”选项卡，单击“图表布局”功能组中的“添加图标元素”按钮，在弹出的下拉列表中选择“数据标签”→“其他数据标签选项”命令，设置数据标签文字颜色为白色，选择横向坐标轴，设置其文字颜色为白色，效果如图 13-28 所示。

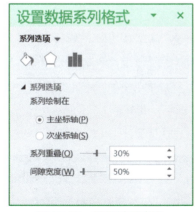

图 13-27 删除标题坐标轴后的效果

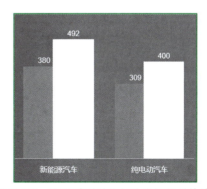

图 13-28 设置页面标签的效果

④ 选择插入的柱状图，如 2016 年的深灰色块状图标，鼠标右击，在弹出的快捷菜单中选择“设置数据系列格式”命令，在打开的“设置数据系列格式”窗格中设置“系列重叠”为 30%，“分类间距”为 50%，如图 13-29 所示，设置后页面效果如图 13-30 所示。

图 13-29 设置系列选项

图 13-30 设置系列重叠与分类间距后的效果

⑤ 在“设置数据系列格式”窗格中，切换至“填充”选项卡，设置 2019 年的数据为“浅橙色”、2020 年的数据为“橙色”，如图 13-31 所示，设置后页面效果如图 13-32 所示。

图 13-31　设置填充选项

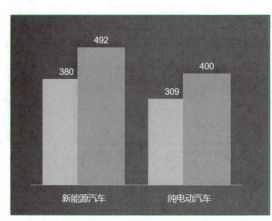

图 13-32　设置填充后的效果

⑥ 最后，添加竖线与相关文本。

微课 13-8
表格的
使用

4. 内容页：多少城市汽车保有量超百万？

内容信息：*全国有 60 个城市的汽车保有量超百万辆，其中北京、成都、重庆、苏州、上海、郑州、西安、武汉、深圳、东莞、天津、青岛、石家庄 13 个城市汽车保有量超过 300 万辆。*

汽车保有量超过 200 万的城市（单位：万辆）												
北京	成都	重庆	苏州	上海	郑州	西安	武汉	深圳	东莞	天津	青岛	石家庄
603	545	504	443	440	403	373	366	353	341	329	314	301

本例可以直接采用插入表格的方式来实现，插入表格后，设置表格的相关属性即可。具体操作步骤如下：

① 切换到"插入"选项卡，单击"表格"功能组中的"表格"按钮，在弹出的下拉列表中选择"插入表格"命令，在打开的"插入表格"对话框中输入列数为"12"，行数为"2"，单击"确定"按钮即可。

② 切换到"表格工具|设计"选项卡，单击"绘图边框"功能组中的"绘制表格"按钮，选择笔触颜色为黑色，粗细为 1 磅，再切换到"表格工具|设计"选项卡，单击"表格样式"功能组中的"边框"按钮，在弹出的下拉列表中选择"所有边框"命令即可。

③ 选择第 1 行的所有单元格，设置背景颜色为"橙色"，选择第 2 行的所有单元格，设置背景颜色为"浅灰色"，输入相关数据后的页面效果如图 13-33 所示。

图 13-33
插入表格并
设置样式后
的效果

												数量：万辆
城市	北京	成都	重庆	苏州	上海	郑州	西安	武汉	深圳	东莞	天津	青岛	石家庄
数量	603	545	504	443	440	403	373	366	353	341	329	314	301

　　如果制作为柱状图，方法与"新能源车有多少？"方法类似，页面效果与图 13-30 类似。当然，也可以使用绘图的方式进行绘制。

5. 内容页：驾驶员有多少?

　　内容信息：*2020 年，全国机动车驾驶人数量达 4.56 亿人，其中汽车驾驶人达 4.18 亿人。受疫情影响，2020 年全国新领证驾驶人（驾龄不满 1 年）数量达 2231 万人，占全国机动车驾驶人总数的 4.90%，比 2019 年减少 712 万人，下降 24.19%。从驾驶人性别看，男性驾驶人达 3.08 亿人，占 65.57%；女性驾驶人 1.48 亿人，占 34.43%。*

微课 13-9
饼状图
的使用

　　本例重点反映了驾驶员中的男女比例，采用饼图表达的方式较好。具体操作步骤如下：

　　① 切换到"插入"选项卡，单击"插图"功能组中的"图表"按钮，在打开的"插入图表"对话框中，选择"饼状图"图表类型，如图 13-34 所示，并在弹出的 Excel 工作表中输入示例数据，如图 13-35 所示，关闭 Excel 后，数据图表的插入就完成了，效果如图 13-36 所示。

笔记

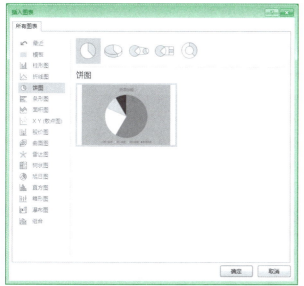

图 13-34　"插入图表"对话框

图 13-35　在 Excel 表中输入数据

	A	B	C
1		驾驶员比例	
2	男驾驶员	65.57	
3	女驾驶员	34.43	

　　② 选择插入的饼状图，鼠标右击，在弹出的快捷菜单中选择"设置数据系列格式"命令，在打开的"设置数据系列格式"窗格中设置"第一扇区起始角度"为 315°，效果如图 13-37 所示。

　　③ 选择标题，按 Delete 键将其删除，再选择图例，将其删除。

　　④ 选择左侧的白色区域，按住鼠标左键将其向左移动一点，在"设置数据系列格式"窗格中，切换至"填充"选项卡，设置"填充"颜色为"浅橙色"，设置"边框"为"橙色"，选择右侧深灰色的扇形，把边框与填充都设置为"橙色"，效果如图 13-38 所示，添加白色"数据标签"后的效果如图 13-39 所示。

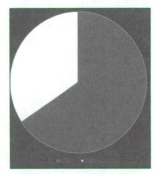

图 13-36　插入饼状图后的效果

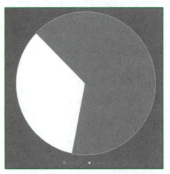

图 13-37　设置第一扇区的起始角度后的效果

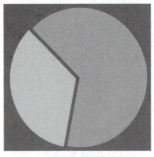

图 13-38　设置填充颜色

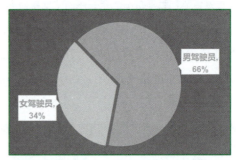

图 13-39　添加"数据标签"后的效果

⑤ 为了更加直观，插入两幅图片来表达女驾驶员与男驾驶员，页面效果如图 13-40 所示。

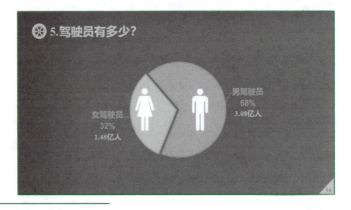

图 13-40
男女驾驶员比例
最终效果

13.3　案例小结

本案例通过产品介绍类 PPT 的制作，介绍了如何在 PowerPoint 中制作图表和编辑图表、插入表格等的操作，以及关于数据统计的操作与应用。

13.4　经验技巧

13.4.1　表格的应用技巧

微课 13-10
表格的
应用技巧

（1）表格的封面设计

运用表格的方式设计 PPT 的封面效果如图 13-41 所示。

(a) 应用表格为框架使用纯文本与边框线条的封面设计　　　(b) 应用表格的边框线条与背景图结合文本的封面设计

(c) 应用表格的边框线条与小背景图结合文本的封面设计　　　(d) 应用表格作为边框的封面设计

图 13-41
表格的封面设计

　　本例中主要运用了对表格的颜色填充，运用图片作为背景。例如，对于图 13-41（b）的背景图片，需要选择表格，然后，鼠标右击，在弹出的快捷菜单中选择"设置形状格式"命令，在打开的"设置形状格式"窗格中选中"图片或纹理填充"单选按钮，单击"文件"按钮后，在打开的对话框中选择所需图片即可，注意选中"将图片平铺为纹理"复选框。

　　（2）表格的目录设计

　　运用表格的方式设计 PPT 的目录页面效果如图 13-42 所示。

(a) 表格为框架的左右结构的目录设计

(b) 表格为框架的左右结构的目录设计

(c) 表格为框架的上下结构的目录设计　　　(d) 表格为框架的上下结构的目录设计

图 13-42
表格的目录设计

　　（3）表格的常规设计

　　运用表格的方式可以设计 PPT 的内容页面的常规设计，如图 13-43 所示。

(a) 数据的展示1   (b) 数据的展示1

图 13-43
表格的常规
应用设计

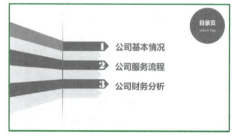

(c) 表格的样式设计1   (d) 表格的样式设计2

13.4.2　绘制自选图形的技巧

在制作演示文稿的过程中，对于一些具有说明性的图形内容，可以在幻灯片中插入自选图形的内容，并根据需要对其进行编辑，从而使幻灯片达到图文并茂的效果。PowerPoint 2016 中提供的自选形状包括线条、矩形、基本形状、箭头总汇、公式形状、流程图、星与旗帜和标注等。下面以"易百米快递公司的创业案例介绍"为例，充分利用绘制自选图形来制作一套模板，页面效果如图 13-44 所示。

微课 13-11
绘制
自选图形

(a) 封面页   (b) 目录页

图 13-44
"易百米快递
公司的创业
案例介绍"
图形绘制模板

(c) 内容页   (d) 封底页

通过对图 13-44 进行分析，主要是用了自选绘制图形，如矩形、泪滴形、任意多边形等，还使用了图形绘制的"合并形状"功能。

（1）绘制泪滴形

在图 13-44 中的封面、内容页、封底都使用了泪滴形，具体绘制方法如下：

切换到"插入"选项卡单击"插图"功能组中的"形状"按钮，在弹出的下拉列表框中选择"基本形状"栏中的"泪滴形"选项，如图 13-45 所示，在页面中拖动鼠标绘制一个泪滴形，如图 13-46 所示。

笔 记

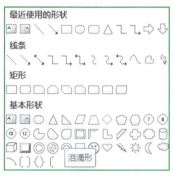

图 13-45　选择"泪滴形"　　　　　图 13-46　插入泪滴形后的效果

选择绘制的泪滴形，设置图形的格式并进行图片填充（素材文件夹中的"封面图片.jpg"），效果如图 13-47 所示。

PPT 封底页中的泪滴形的制作思路：选择绘制的泪滴形，将其旋转 90°，然后插入图片放置在泪滴图形的上方，效果如图 13-48 所示。

图 13-47　封面中的泪滴形效果　　　　图 13-48　封底页面中的泪滴形效果

（2）图形的"合并形状"功能

图 13-44 中的内容页的空心泪滴形的设计示意图如图 13-49 所示。

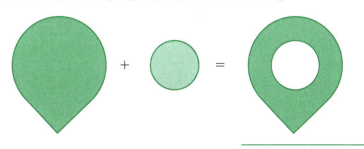

图 13-49
空心泪滴形图形
绘制示意图

图 13-49 所示图形的绘制思路：先绘制一个泪滴形，然后绘制一个圆形，将圆形放置在泪滴形的上方，然后调整位置，使用鼠标先选择泪滴形，然后选择圆形，如图 13-50 所示。

切换到"绘图工具|格式"选项卡，单击，"插入形状"功能组中的"合并形状"按钮，如图 13-51 所示，在弹出的下拉列表中选择"组合"命令，就可以完成空心泪滴形的绘制。

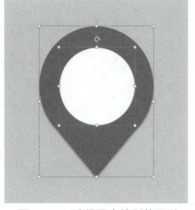

图 13-50 选择两个绘制的图形   图 13-51 合并形状

此外，还可以练习使用形状联合、形状交点、形状组合等命令。

（3）绘制自选形状

图 13-44 中的目录页面主要使用了图 13-45 中的"任意多边形" ✎ （"线条"栏中的倒数第 2 个选项）图形实现。切换到"插入"选项卡单击"插图"功能组中的"形状"按钮，在弹出的下拉列表框中选择"任意多边形"选项，依次绘制 4 个点，闭合后即可形成四边形，如图 13-52 所示。按照此方法即可完成目录页中图形的绘制，如图 13-53 所示。

图 13-52 绘制任意多边形   图 13-53 绘制的立体图形效果

在幻灯片中绘制图形完成后，还可以在所绘制的图形中添加一些文字，进而诠释幻灯片的含义。

（4）对齐多个图形

如果所绘制的图形较多，在文档中显得杂乱无章，可以将多个图形对齐显示，这样会使幻灯片整洁干净。对齐多个图形的操作方法如下：

按住 Shift 键，依次将所有图形选中，在切换到"绘图工具|格式"选项卡，单击"排列"功能

组中的"对齐"按钮，在弹出的下拉菜单中选择准备对齐的方式即可。

（5）设置叠放次序

在幻灯片中插入多张图片后，可以根据排版的需要，对图片的叠放次序进行设置。可以选择相应的对象，鼠标右击，在弹出的快捷菜单中选择"置于底层"或"置于顶层"命令。

13.4.3 SmartArt 图形的应用技巧

微课 13-12
SmartArt
图形的
应用

SmartArt 图形是信息和观点的视觉表示形式，通过不同形式和布局的图形代替枯燥的文字，从而快速、有效地传达信息。

SmartArt 图形在幻灯片中有两种插入方法，一种是直接在"插入"选项卡的"插图"功能组中单击"SmartArt"按钮；另一种是先用文字占位符或文本框将文字输入，然后再利用转换的方法将文字转换成 SmartArt 图形。

下面以绘制一张循环图为例，介绍如何直接插入 SmartArt 图形。具体操作步骤如下：

① 打开需要插入 SmartArt 图形的幻灯片，切换到"插入"选项卡，单击"插图"功能组中的"SmartArt"按钮，如图 13-54 所示。

图 13-54
"SmartArt"按钮

② 在打开的"选择 SmartArt 图形"对话框，在左侧列表中选择"循环"分类，在右侧列表框中选择一种图形样式，这里选择"基本循环"图形，如图 13-55 所示，完成后单击"确定"按钮，插入后的"基本循环"图形如图 13-56 所示。

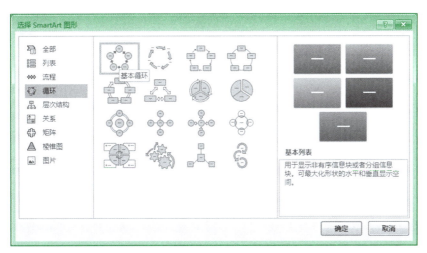

图 13-55
"选择 SmartArt
图形"对话框

注意：SmartArt 图形包括"列表""流程""循环""层次结构""关系"和"棱锥"等很多分类。

③ 幻灯片中将生成一个结构图，默认由 5 个形状对象组成，可以根据实际需要进行调整。如

笔 记

果要删除形状，只须在选中某个形状后按 Delete 键即可；如果要添加形状，则在某个形状上右击，在弹出的快捷菜单中选择"添加形状"→"在后面添加形状"命令即可。

④ 设置好 SmartArt 图形的结构后，接下来在每个形状对象中输入相应的文字，最终效果如图 13-57 所示。

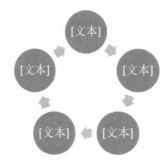

图 13-56　插入 SmartArt 图形后的基本循环效果　　　图 13-57　修改文本信息后的 SmartArt 图像

13.5　拓展练习

根据拓展练习文件夹中"降低护士 24 小时出入量统计错误发生率.docx"信息内容，结合 PPT 的图表制作技巧与方法，设计并制作 PPT 演示文件。

部分节选如下：

降低护士 24 小时出入量统计错误发生率

2014 年 12 月成立"意扬圈"，成员人数：8 人，平均年龄：35 岁，圈长：沈霖，辅导员：唐金凤。

圈内职务	姓名	年龄	资历	学历	职务	主要工作内容
辅导员	唐金凤	52	34	本科	护理部主任	指导
圈长	沈霖	34	16	硕士	护理部副主任	分配实例、安排活动
副圈长	王惠	45	25	本科	妇产大科护士长	组织圈员活动
圈员	仓艳红	34	18	本科	骨科护士长	整理资料
	李娟	40	21	本科	血液科护士长、江苏省肿瘤专科护士	幻灯片制作
	罗书引	31	11	本科	神经外科护士长、江苏省神经外科专科护士	整理资料、数据统计
	席卫卫	28	8	本科	泌尿外科护士	采集资料
	杨正侠	37	18	本科	消化内科护士、江苏省消化科专科护士	采集资料

目标值的设定：2017 年 4 月前，24 小时出入量记录错误发生率由 32.50% 下降到 12.00%。

根据以上内容制作的参考效果如图 13-58 所示。

(a)

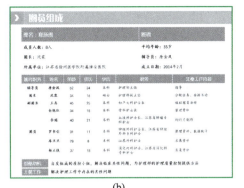

(b)

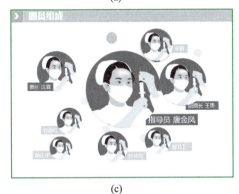

(c)

(d)

图 13-58
"意扬圈"
PPT 页面
效果

203

案例 14　制作片头动画

PPT：案例14
制作片头
动画

PPT

14.1　案例简介

14.1.1　案例需求与展示

易百米快递公司公关部的小王在完成创业案例介绍演示文稿后，刘经理非常满意，同时提出最好能制作一个具有动感的片头动画，动画要简约、大气。小王利用 PowerPoint 2016 的动画功能，很快完成了此项工作，效果如图 14-1 所示。

(a) 动画场景1

(b) 动画场景2

微课 14-1
案例简介

图 14-1
片头动画效果图

14.1.2　知识技能目标

本案例涉及的知识点主要有动画的使用、插入音频、导出 WMV 格式视频。

知识技能目标：

- PowerPoint 中动画的使用。
- PowerPoint 中插入音视频多媒体的方法。
- PowerPoint 演示文稿导出为视频格式。

14.2　案例实现

本案例主要实现路径动画、多媒体元素如音频的插入以及 PPT 的输出等。

14.2.1　插入文本、图片、背景音乐等相关元素

插入文本、图形元素后调整大小及位置，切换到"插入"选项卡单击"媒体"功能组中的"音频"按钮，在弹出的下拉列表中选择"文件中的音频"命令，如图 14-2 所示，打开"插入音频"

微课 14-2
插入
各类元素

对话框，选择素材文件夹中的"背景音乐.wav"，调整插入元素的位置后，效果如图 14-3 所示。

图 14-2　"音频"按钮

图 14-3　插入图片、文本、背景音乐后的效果

单击 🔊 图标，切换到"音频工具|播放"选项卡，在"音频选项"功能组中将音频触发"开始"选项设置为"自动"，如图 14-4 所示。

图 14-4
设置音频
触发方式

14.2.2　动画的设计

依据图 14-3 中的图像元素，设计各个元素的入场动画顺序，同时播放背景音乐。动画的设计结构如图 14-5 所示。

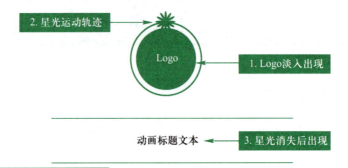

图 14-5
动画设计图

14.2.3　制作入场动画

微课 14-3
制作
入场动画

① 选择图片"logo.png"，切换到"动画"选项卡，在"动画"功能组中设置动画为"淡出"，如图 14-6 所示。

图 14-6
选择动画
形式

② 选择"星光.png"图片，切换到"动画"选项卡，在"动画"功能组中设置动画为"淡出"。再单击"添加动画"按钮★，在弹出的下拉列表选择"动作路径"组中的"形状"，如图 14-7 所示。

③ 将路径动画的大小调整与 Logo 图片大小一致，将路径动画的起止点调整到图片"星光.png"的位置，如图 14-8 所示。

图 14-7　添加路径动画

图 14-8　调整路径动画

④ 切换到"动画"选项卡，单击"高级动画"功能组中的"动画窗格"按钮。将"logo.png"图片淡出动画触发方式"开始"设置为"与上一动画同时"，将"星光.png"图片淡出动画和路径动画触发方式"开始"设置为"与上一动画同时"，将"延迟"设置为"0.5 秒"，如图 14-9 所示，"动画窗格"如图 14-10 所示。

图 14-9　设置延迟时间

图 14-10　动画窗格设置

笔 记

⑤ 选择"星光.png"图片，再次单击"添加动画"按钮 ⭐，在弹出的下拉列表中选择"退出"组中的"淡出"。

⑥ 再次单击"添加动画"按钮 ⭐，在弹出的下拉列表中选择"强调"组中的"放大/缩小"，将效果选择为"巨大"。将退出动画和强调动画的触发方式"开始"设置为"与上一动画同时"。将延迟时间设置在星光路径动画结束之后，设置延迟时间为"2.5 秒"，如图 14-11 所示，"动画窗格"如图 14-12 所示。

图 14-11　设置延迟时间

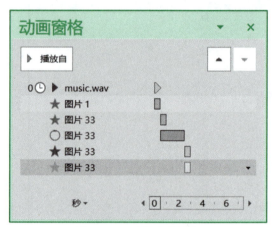

图 14-12　动画窗格设置

⑦ Logo 部分动画播放结束后，文字部分出场。设置文字上下两条直线形状，动画为"淡出"。将淡出动画的触发方式"开始"设置为"与上一动画同时"，"延迟时间"设置为"3 秒"。

⑧ 选择文字，切换到"动画"选项卡，单击"动画"功能组中的下拉按钮，在弹出的下拉菜单中选择"⭐ 更多进入效果"命令，将动画设置为"挥鞭式"，如图 14-13 所示。

⑨ 将文字动画的触发方式"开始"设置为"与上一动画同时"，"延迟时间"置为"3 秒"，如图 14-14 所示。

图 14-13　设置挥鞭式动画

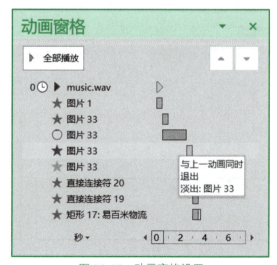

图 14-14　动画窗格设置

14.2.4 输出片头动画视频

片头制作完成后，可以保存为 PPTX 演示文稿文件，用 PowerPoint 打开；也可以保存为 WMV 格式的视频文件，用视频播放器打开。保存为 WMV 格式视频文件的具体操作方法如下：

切换到"文件"选项卡，选择"另存为"命令，设置保存类型为"Windows Media 视频(*.wmv)"，输入文件名即可，如图 14-15 所示。

微课 14-4
输出片头
动画视频

图 14-15
设置保存文件类型

14.3 案例小结

本案例通过动画的制作，介绍了 PPT 中动画的设计原则、动画效果、PPT 片头的输出等。实际操作中，要恰当选取片头动画的制作策略，片头动画中素材质量要高、高分辨率、格式恰当，片头的制作要能举一反三、不断创新。

此外，还应该学习一些关于动画的方法与技巧。

微课 14-5
PPT 动画
的分类

1. PPT 动画的分类

在 PowerPoint 中，所谓动画效果主要分为进入动画、强调动画、退出动画和动作路径动画 4 类，此外还包括幻灯片切换动画，从而实现用户对幻灯片中的文本、图形、表格等对象添加不同的动画效果。

（1）进入动画

进入动画是指对象从"无"到"有"。在触发动画之前，被设置为进入动画的对象是不出现的，那么在触发之后，对象又是采用何种方式出现呢？这就是进入动画要解决的问题。例如，设置对象为进入动画中的"擦除"效果，可以实现对象从某一方向一点一点出现的效果。进入动画在 PPT 中一般都是使用绿色图标标识。

（2）强调动画

强调动画的对象是从"有"到"有"，前面的"有"是对象的初始状态，后面一个"有"是对象的变化状态。这样两个状态上的变化，起到了强调突出的目的。例如，设置对象为强调动画中的"变大/变小"效果，可以实现对象从小到大（或设置从大到小）的变化过程，从而产生强调的效果。PPT中进入动画一般都是使用黄色图标标识。

（3）退出动画

退出动画与进入动画正好相反，它可以使对象从"有"到"无"。触发后的动画效果与进入动画的效果正好相反，对象在没有触发动画之前，是显示在屏幕上，而当其被触发后，则从屏幕上以某种设定的效果消失。如设置对象为退出动画中的"切出"效果，则对象在触发后会逐渐地从屏幕上某处切出，从而消失在屏幕上。退出动画在PPT中一般都是使用红色图标标识。

（4）动作路径动画

动作路径动画就是对象沿着某条路径运动的动画，在PPT中也可以制作出同样的效果，就是将对象设置成动作路径动画效果。例如，设置对象为动作路径动画中的"向右"效果，则对象在触发后会沿着设定的方向线移动。

2. 动画的衔接、叠加与组合

动画的使用讲究自然、连贯，所以需要恰当地运用动画，使其看起来自然、简洁，使动画整体效果赏心悦目，就必须掌握动画的衔接、叠加和组合。

微果 14-6
动画的衔
接、叠加
与组合

（1）衔接

动画的衔接是指在一个动画执行完成后紧接着执行其他动画，即使用"从上一项之后开始"命令。衔接动画可以是同一个对象的不同动作，也可以是不同对象的多个动作。

例如，片头星光图片的先淡入，再按照圆形路径旋转，最后淡出消失，就是动画的衔接关系。

（2）叠加

对动画进行叠加，就是让一个对象同时执行多个动画，即设置"从上一项开始"命令。叠加可以是一个对象的不同动作，也可以是不同对象的多个动作。几个动作进行叠加之后，效果会变得非常不同。

动画的叠加是富有创造性的过程，它能够衍生出全新的动画类型。两种非常简单的动画进行叠加后产生效果可能会非常的不可思议。

例如，路径+陀螺旋、路径+淡出、路径+擦除、淡出+缩放、缩放+陀螺旋等。

（3）组合

组合动画让画面变得更加丰富，是让简单动画由量变到质变的手段。一个对象如果使用浮入动画，看起来非常普通，但是20多个对象同时做浮入时给人的感觉就不同了。

组合动画的调节通常需要对动作的时间、延迟进行精心的调整，另外需要充分利用动作的重复，否则就会事倍功半。

14.4 经验技巧

14.4.1 制作手机划屏动画

微课 14-7
制作手机
划屏动画

手机划屏动画是图片的擦除动画与手的滑动动画的组合效果。可以首先实现图片的滑动效果，然后，制作手的整个运动动画，具体操作步骤如下。

（1）图片滑动动画的实现

① 启动 PowerPoint 2016，新建一个 PPT 文档，命名为"手机滑屏动画.pptx"。切换到"设计"选项卡，单击"自定义"功能组中的"幻灯片大小"按钮，打开"幻灯片大小"对话框，在"幻灯片大小"列表框中选择"自定义"选项，设置宽度为"33.86 厘米"，高度为"19.05 厘米"，右击空白幻灯片，在弹出快捷菜单中选择"设置背景格式"命令，在打开的"设置背景格式"窗格中设置渐变色作为背景。

② 切换到"插入"选项卡，单击"图像"功能组中的"图片"按钮，打开"插入图片"对话框，依次选择素材文件夹中的"手机.png"和"葡萄与葡萄酒.jpg"两幅图片，单击"插入"按钮，完成图片的插入操作，调整其位置后如图 14-16 所示。

葡萄与葡萄酒图片

手机图片

图 14-16
插入图片的
位置与效果

③ 切换到"插入"选项卡，单击"图像"功能组中的"图片"按钮，打开"插入图片"对话框，选择素材文件夹中的"葡萄酒.jpg"图片，单击"插入"按钮，完成图片的插入操作，调整其位置，使其完全放置在"葡萄与葡萄酒.jpg"图片的上方，效果如图 14-17 所示。

④ 选择上方的图片"葡萄酒.jpg"，然后切换到"动画"选项卡，单击"动画"功能组中的"进入"→"擦除"命令，设置其动画的"效果选项"为"自右侧"，同时修改动画的开始方式为"与上一动画同时"，延迟时间为"0.75"秒，设置如图 14-18 所示。可以单击"预览"按钮预览动画效果，也可以切换到"幻灯片放映"选项卡，单击"开始放映幻灯片"功能组中的"从当前幻灯片开始"按钮预览动画。

图 14-17 调整图片的位置与效果

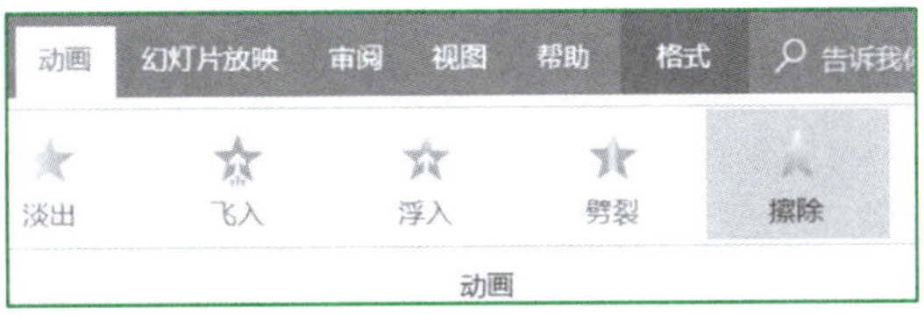

图 14-18 动画的参数设置

（2）手划屏动画的实现

① 切换到"插入"选项卡，单击"图像"功能组中的"图片"按钮，打开"插入图片"对话框，选择素材文件夹中的"手.png"，单击"插入"按钮，完成图片的插入操作，调整其位置后如图 14-19 所示。

图 14-19
插入手图片并调整位置

手图片

② 选择"手"图片，切换到"动画"选项卡，在"动画"功能组中选择"进入"→"飞入"命令，实现"手"的进入动画自底部飞入。但需要注意，单击"预览"按钮预览动画效果，会发现"葡萄酒"的擦除动画执行后，单击鼠标后手才能自屏幕下方出现，显然，两个动画的衔接不合理。

③ 切换到"动画"选项卡，单击"高级动画"功能组中的"动画窗格"按钮，打开动画窗格，如图 14-20 所示。在"动画"选项卡中设置"手"的动画为"与上一动画同时"，然后在图 14-20 中选择手的"图片 1"将其拖动到"葡萄酒"（"图片 4"）的上方，最后，选择"葡萄酒"（图片 4）的动画，设置开始方式为"上一动画之后"，调整后的动画窗格如图 14-21 所示。

图 14-20 调整前的动画窗格

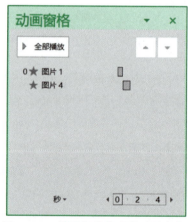

图 14-21 前后衔接合理的动画窗格

④ 选择"手"图片，切换到"动画"选项卡，单击"高级动画"功能组中的"添加动画"按钮，在弹出的下拉列表中选择"其他动作路径"命令，弹出"添加动作路径"窗格，选择"直线与曲线"下的"向左"按钮，设置动画后的效果如图 14-22 所示，其中，绿色箭头表示动画的起始位置，红色箭头表示动画的结束位置，由于动画结束的位置比较靠近画面中间，所以，使用鼠标选择红色三角形向左移动，如图 14-23 所示。

注意：当同一对象有多个动画效果是，需要执行"添加动画"命令。

图 14-22　调整前的路径动画的起始与结束位置　图 14-23　调整后的路径动画的起始与结束位置

⑤ 选择"手"图片的"动作路径"动画，设置"开始"方式为"与上一动画同时"，动画的持续时间为"0.75"秒，此时"计时"功能组如图 14-24 所示，动画窗格如图 14-25 所示。单击"预览"按钮可以预览动画效果。

图 14-24　动画的"计时"设置　　　图 14-25　调整后的动画窗格

注意：手动的横向运动与图片的擦除动画就是两个对象的组合动画。

⑥ 选择"手"图片，切换到"动画"选项卡，单击"高级动画"功能组中的"添加动画"按钮，选择"更多退出效果"命令，在打开的对话框中选择"飞出"选项，单击"确定"按钮，设置"飞出"动画的开始方式为"在上一动画之后"，继续切换到"动画"选项卡，单击"高级动画"功能组中的"添加动画"按钮，选择"淡出"选项，设置"淡出"动画的开始方式为"与上一动画同时"，此时动画窗格如图 14-26 所示，单击"预览"按钮可以预览动画效果如图 14-27 所示，这样通过动画叠加的方式，实现了"手"形一边飞出，一边淡出功能。

图 14-26　整体的动画窗格　　　　图 14-27　动画效果

（3）划屏动画的前后衔接控制

动画的前后衔接控制也就是动的的时间控制，通常有两种方式。

第 1 种：通过"单击时""与上一动画同时"以及"在上一动画之后"控制。

第 2 种：通过"计时"功能组中的"延迟"时间来控制，它的根本思想是所有动画的开始方式都为"与上一动画同时"，通过"延迟"时间来控制动画的播放时间。

第 1 种动画的衔接控制方式在后期的动画调整时不是很方便，如添加或者删除元素时，而第 2 种方式相对比较灵活，建议使用第 2 种方式。

具体操作步骤如下：

① 在动画窗格中选择所有动画效果，设置开始方式为"与上一动画同时"，此时的动画窗格如图 14-28 所示。

② 由于"图片 4"（葡萄酒）的"擦除"动画与"图片 1"（手）的向左移动动画是同时的，所以选择图 14-28 中的第 2 个和第 3 个两个动画，设置其"延迟"时间都为 0.5 秒，动画窗格如图 14-29 所示。

图 14-28 设置所有动画都为"与上一动画同时"

图 14-29 设置时间延迟后的动画窗格

③ 由于"手"形动画最后为边消失边飞出，所以两者的延迟时间也是相同的，由于手的出现动画是 0.5 秒，滑动过程为 0.75 秒，所以"手"形动画消失的延迟时间是 1.25 秒。选择图 14-28 中的第 4 个和第 5 个两个动画，设置其"延迟"时间都为 1.25 秒。

（4）其他几幅图片的划屏动画制作

① 选择"葡萄酒"与"手"两幅图片，按 Ctrl+C 快捷键复制这两幅图片，然后按 Ctrl+V 组合键粘贴两幅图片，使用鼠标左键将两幅图片与原来的两幅图片对齐。

② 选择刚刚复制的"葡萄酒"图片，切换到"图片工具|格式"选项卡，单击"调整"功能组中的"更改图片"按钮，在弹出的下拉列表中选择"来自文件"命令，在打开的对话框中选择素材文件夹中的"红酒葡萄酒.jpg"，打开动画窗格，分别设置新图片与"红酒葡萄酒.jpg"的延迟时间。

③ 采用同样的方法再次复制图片，使用素材文件夹中的"红酒.jpg"图片，最后调整不同动画的延迟时间即可。

14.4.2 PPT 中视频的应用

添加文件中的视频，就是将计算机中已存在的视频插入到演示文稿中。具体操作步骤如下：

① 打开"视频的使用.pptx"文件，切换到"插入"选项卡，单击"媒体"功能组中的"视频"下三角按钮，在弹出的列表框中选择"PC上的视频"命令，如图 14-30 所示。

图 14-30
"视频"按钮

② 打开"插入视频文件"对话框，选择素材文件夹中的"视频样例.wmv"文件，单击"插入"按钮，如图 14-31 所示。

微课 14-8
PPT 中
视频的
应用

图 14-31
"插入视频文件"
对话框

③ 插入视频文件后的效果如图 14-32 所示，可以拖曳声音图标至合适位置，按 F5 键摆放幻灯片，单击"播放"按钮就可以播放视频，如图 14-33 所示。

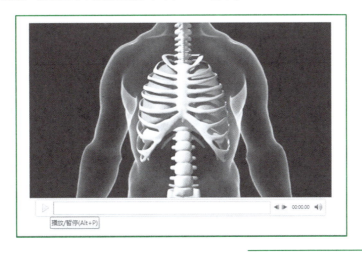

图 14-32
插入视频后效果

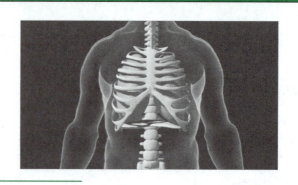

图 14-33
PPT 预览后视频播放效果

14.5　拓展练习

　　根据拓展练习文件夹中的"中国汽车权威数据发布.pptx"演示文稿中完成的图标内容，设置相关的动画，例如"目录"页中"表盘"的变化，页面效果如图 14-34 所示。

(a) 动画界面1

(b) 动画界面2

(c) 动画界面3

(d) 动画界面4

图 14-34
表盘的动画效果

参考文献

[1] 张丽玮. Office 2016 高级应用教程[M]. 北京：清华大学出版社，2020.

[2] 杨臻. PPT，要你好看[M]. 2 版. 北京：电子工业出版社，2015.

[3] 楚飞. 绝了可以这样搞定 PPT[M]. 北京：人民邮电出版社，2014.

[4] 林沣，钟明，邱琳. Office 2016 办公自动化案例教程[M]. 北京：水利水电出版社，2019.

[5] 温鑫工作室. 执行力 PPT 原来可以这样用[M]. 北京：清华大学出版社，2014.

[6] 陈魁. PPT 演义[M]. 北京：电子工业出版社，2014.

[7] 陈婉君. 妙哉！PPT 就该这么学[M]. 北京：清华大学出版社，2015.

[8] 龙马高新教育. Office 2016 办公应用从入门到精通[M]. 北京：北京大学出版社，2016.

[9] 德胜书坊. Office 2016 高效办公三合一：Word/Excel/PPT[M]. 北京：中国青年出版社，2017.

[10] 华文科技. 新编 Office 2016 应用大全[M]. 北京：机械工业出版社，2017.

资源服务提示

欢迎访问职业教育数字化学习中心——"智慧职教"（www.icve.com.cn），以前未在本网站注册的用户，请先注册。用户登录后，在首页或"课程"频道搜索本书对应课程"Office 2016 高级应用案例教程"进行在线学习。用户也可以在"智慧职教"首页下载"智慧职教"移动客户端，通过该客户端进行在线学习。